SUSTENTABILIDADE DE PESSOAS
CÉREBRO E INCLUSÃO NO ESG

Editora Appris Ltda.
1.ª Edição - Copyright© 2024 da autora
Direitos de Edição Reservados à Editora Appris Ltda.

Nenhuma parte desta obra poderá ser utilizada indevidamente, sem estar de acordo com a Lei nº 9.610/98. Se incorreções forem encontradas, serão de exclusiva responsabilidade de seus organizadores. Foi realizado o Depósito Legal na Fundação Biblioteca Nacional, de acordo com as Leis nºs 10.994, de 14/12/2004, e 12.192, de 14/01/2010.

Catalogação na Fonte
Elaborado por: Josefina A. S. Guedes
Bibliotecária CRB 9/870

```
S589s      Simões, Trícia
2024         Sustentabilidade de pessoas: cérebro e inclusão no ESG / Trícia
           Simões. – 1. ed. – Curitiba: Appris, 2024.
              161 p. ; 23 cm. – (Multidisciplinaridade em saúde e humanidades).

              Inclui referências.
              ISBN 978-65-250-5459-9

              1. Sustentabilidade. 2. Responsabilidade social da empresa.
           3. Neurociência cognitiva. I. Título. II. Série.

                                                           CDD – 363.7
```

Livro de acordo com a normalização técnica da ABNT

Appris *editora*

Editora e Livraria Appris Ltda.
Av. Manoel Ribas, 2265 – Mercês
Curitiba/PR – CEP: 80810-002
Tel. (41) 3156 - 4731
www.editoraappris.com.br

Printed in Brazil
Impresso no Brasil

Trícia Simões

SUSTENTABILIDADE DE PESSOAS
CÉREBRO E INCLUSÃO NO ESG

FICHA TÉCNICA

EDITORIAL	Augusto Coelho
	Sara C. de Andrade Coelho
COMITÊ EDITORIAL	Marli Caetano
	Andréa Barbosa Gouveia - UFPR
	Edmeire C. Pereira - UFPR
	Iraneide da Silva - UFC
	Jacques de Lima Ferreira - UP
SUPERVISOR DA PRODUÇÃO	Renata Cristina Lopes Miccelli
ASSESSORIA EDITORIAL	Daniela Nazario
REVISÃO	Marcela Vidal Machado
PRODUÇÃO EDITORIAL	Daniela Nazário
DIAGRAMAÇÃO	Andrezza Libel
CAPA	Julie Lopes
REVISÃO DE PROVA	Jibril Keddeh

COMITÊ CIENTÍFICO DA COLEÇÃO MULTIDISCIPLINARIDADES EM SAÚDE E HUMANIDADES

DIREÇÃO CIENTÍFICA	Dr.ª Márcia Gonçalves (Unitau)
CONSULTORES	Lilian Dias Bernardo (IFRJ)
	Taiuani Marquine Raymundo (UFPR)
	Tatiana Barcelos Pontes (UNB)
	Janaína Doria Líbano Soares (IFRJ)
	Rubens Reimao (USP)
	Edson Marques (Unioeste)
	Maria Cristina Marcucci Ribeiro (Unian-SP)
	Maria Helena Zamora (PUC-Rio)
	Aidecivaldo Fernandes de Jesus (FEPI)
	Zaida Aurora Geraldes (Famerp)

*Aos meus filhos, Rafael e Júlia, que me inspiram a seguir, sempre.
Por vocês acredito ser possível mudar o mundo.*

AGRADECIMENTOS

Minha gratidão à professora Alexandra Olivares de Viana, por todo o apoio durante a realização da minha pesquisa, por acreditar e me encorajar a transformar minhas ideias em um livro que reflete meu propósito e minha missão. Seu incentivo foi inestimável nesta jornada.

Agradeço ao meu amigo de longa data Marcus Vinícius Lemos Ignácio, por estar ao meu lado e me ajudar a encontrar as perguntas certas em momentos decisivos.

À Aline Dionísio, pelo apoio tão fundamental nestes meses que deram vida a este projeto.

A todos que compartilharam suas histórias e conhecimentos comigo, vocês são a essência e a inspiração deste livro. Suas contribuições tornaram esta obra uma expressão verdadeira de ideias e perspectivas diversas.

Obrigada!

A pobreza nunca fez minha cabeça. Por um período ela fez o meu bolso, o meu estômago, a minha cama. Mas minha cabeça, não. Eu briguei feio com ela. Eu a venci. Derrotei a pobreza na minha vida. Eu sei que dá pra vencê-la em escala. Eu conheço seus pontos fracos.

(Eduardo Lyra)

PREFÁCIO

Acredito numa visão do ser humano bom por natureza. Sinto a força da educação como elemento de transformação dessa natureza e, recentemente, aprendi numa aula com a ilustre professora Vicky Bloch que o trabalho se torna um ato social cidadão quando seres humanos se juntam e, ao reconhecer seu papel, têm a possibilidade de transformar algo.

Escrevo o prefácio desta obra com um pedido de súplica: leiam com atenção e escolham formas de ensinar aos outros aquilo que encontrarão aqui. Se possível, além de educar, procurem maneiras de agir coletivamente no universo do trabalho para ativar a humanidade que habita em cada um de nós.

Vivemos em uma época de profundas transformações. Novas inteligências, como a inteligência artificial (IA) generativa, trazem potenciais benefícios e, ao mesmo tempo, enormes riscos de cunho ético. As pessoas estão sentindo medo e ansiedade perante os riscos nesse contexto. O que o ser humano deve parar de fazer? O que o ser humano deve continuar fazendo? O que o ser humano deve começar a fazer para continuar sendo incluído e relevante após o surgimento da IA?

Apesar da complexidade dessas questões, arrisco em dizer que a autora abre uma possibilidade para conduzir o leitor pelo caminho da humanização das relações, por meio da inclusão social com ganhos na saúde mental e da sustentabilidade das organizações.

Segundo a Organização Mundial da Saúde, uma de cada quatro pessoas irá padecer de algum tipo de transtorno mental. Considerando a grande importância do sentimento de pertencer e os impactos da solidão e da exclusão na saúde mental, por meio dos mecanismos neurais da dor social, compreender e agir com senso de urgência na construção de culturas humanizadas e inclusivas, de interesse genuíno e de respeito pelas diferenças, é indispensável.

Quando recebi a dissertação de Trícia, lembrei-me de um dos princípios básicos das Ciências Comportamentais: a dor social de alguém que se sente excluído ativa as mesmas regiões cerebrais que respondem à dor física.

Lembrei-me também de outro princípio marcante, explorado de forma impecável pela autora. Nós, seres humanos, podemos olhar e acolher os outros de maneiras surpreendentes, ativando nossos circuitos neurais de empatia e compaixão, e até colocando em risco nossas vidas pela vida de outros. Ao mesmo tempo, quando influenciados ou manipulados pela crueldade e violência, agimos de formas brutais, gerando muita dor. A história no último século perpassa pela Alemanha nazista e a Guerra contra a Ucrânia, trazendo exemplos da comparação de seres humanos a animais como baratas e ratos. A ciência explica que se trata de uma estratégia perversa para ativar os mecanismos do nojo e da rejeição, provocando, assim, comportamentos antissociais.

Como profissional de Recursos Humanos, estudiosa das Ciências Comportamentais e emigrante, percebo minha própria necessidade de conexão profunda com outras pessoas. Tive o privilégio de ser aceita e acolhida no Brasil, país onde jamais me senti excluída. Ao mesmo tempo, percebi com enorme tristeza que vivemos numa sociedade diversa repleta de enormes desafios, citando apenas alguns: altíssima pobreza, desigualdade e racismo estrutural. Por meio da história e propósito de vida de Trícia, olhando nos olhos dela, compreendi quão significativo é para ela atuar no desenvolvimento de comportamentos pró-sociais de inclusão e empatia nas organizações e transformar uma sociedade dolorida.

Caríssimo leitor, você aceita meu pedido? Vamos embarcar juntos nesta jornada de transformação do Social?

Alexandra Olivares de Viana
Docente de pós-graduação em Neurociência Aplicada ao Desenvolvimento de Pessoas — Faculdade de Ciências Médicas da Santa Casa de São Paulo, Conselheira de Administração — São Paulo Escola de Dança e São Paulo Companhia de Dança e Consultora para Alta Gestão de Pessoas

APRESENTAÇÃO

Este livro é um mosaico de pensamentos, vivências e experiências, íntimas e coletivas, frutos de uma incessante busca no campo das ideias, das relações humanas e da vida digna à qual todos deveríamos ter acesso. Um mosaico no qual peças partidas não perdem sua capacidade de gerar beleza, só precisam encontrar para si seu lugar. Aquele em que se encaixa e compreende sua razão de ser.

Em tempos de tanta desigualdade, de muros erguidos e vozes fragilizadas, acredito no poder da inclusão social como única forma de construir um futuro genuinamente coletivo e sustentável. A ciência respalda que sociedades mais inclusivas são mais saudáveis, mais produtivas e mais resilientes. A diversidade de perspectivas e experiências enriquece nosso pensamento crítico, aumenta nossa capacidade de inovação e nos torna mais capazes de enfrentar os desafios complexos de um mundo em rápida transformação. São tempos ambíguos, que se modificam em velocidades nunca experimentadas. O ritmo acelerado das mudanças culturais e tecnológicas fazem com que as experiências entre as gerações pareçam cada vez mais distintas, mesmo com um curto espaço de tempo entre elas.

Enquanto finalizava as pesquisas para este livro, acompanhava importantes mudanças sociais: nações limitando a proteção às comunidades vulnerabilizadas, outras restringindo seus direitos, guerra, miséria, preconceitos de todos os tipos. Na outra ponta, avanços. A telemedicina, a internet das coisas, a inteligência artificial generativa..., a vida está na tela, inundando os imaginários e modificando todo um contexto comunicacional.

O primeiro anúncio publicitário "revivendo" um ídolo do passado, Elis Regina, circulou na TV aberta e nas plataformas de mídia trazendo consigo mais que saudosismo. A tecnologia, mais uma vez, traz ao debate questões sobre ética, consentimento, integridade e veracidade. As relações sociais e suas implicações diante dos avanços tecnológicos emergem como temas urgentes que não podem mais ser adiados em suas discussões, reflexões e resoluções. Neste mundo de disparidades, a balança oscila dramaticamente, deixando uma pergunta desconfortável: onde estão nossos esforços em assegurar dignidade e desenvolvimento social? Esse é um contexto em que a inclusão social faz-se cada vez mais necessária. Precisamos reavaliar e reformular nossas políticas e práticas, colocando a sustentabilidade de pessoas no centro de nossas ações.

No decorrer das páginas seguintes, faço um convite para uma jornada de reflexão. Apresento os atuais conceitos sobre sustentabilidade, com enfoque especial à sustentabilidade social — a letra S do ESG — e sua estreita relação com o impacto positivo, que cresce nas discussões sobre saúde organizacional. Busco apresentar ao leitor os conceitos fundamentais de nosso cérebro social e sua dimensão indissociável de nossa existência. Neste percurso, criamos uma ponte entre dois mundos, a teoria e a prática. Mergulhamos no funcionamento de nossas relações sociais e das emoções e sentimentos por ela despertados. Abordamos temas delicados, como a dor social, os comportamentos coletivos e a complexa jornada da empatia em seu caminho até a ação pró-social, uma peça sem substituta em nosso mosaico de inclusão, respeito e desenvolvimento. A compreensão sobre sua importância se torna o eixo central para impulsionar a transformação cultural e nosso progresso sustentado, como indivíduos, organizações e sociedade.

Avançamos para uma análise do cenário atual e como o transformar para alcançar uma cultura de desenvolvimento integrado das questões biopsicossociais — estágio de maturidade, em que equilibramos bem-estar biológico, psicológico e social, gerando maior satisfação pessoal e coletiva.

Por fim, compartilho um roteiro, desenvolvido durante alguns anos de pesquisa e experiência prática, para ser utilizado como um guia ou, ainda, uma inspiração para novas descobertas, que permitam uma vida de dignidade, de autorrealização e de disseminação do conhecimento para um número cada vez maior de pessoas.

De maneira oportuna, faço uso das palavras de Belchior. Em 1996, ele descreveu seu sentimento sobre a música que, anos depois, seria objeto de análise ao ser revivida junto a Elis, de modo tão controverso: este livro é uma canção ácida, um pouco amarga, reflexiva, em que o autor não tem tanto distanciamento, pois está comprometido com seu personagem. Identifica-se com o drama, o conflito e o contraste[1].

Finalizo com uma nota de otimismo: acredito na capacidade inerente do ser humano de se adaptar, evoluir e se superar. Que todas essas vivências sejam peças de transformação, necessária e possível, em cada um de nós.

A autora

---

[1] MACHADO, Á. Professor Pasquale entrevista o cantor Belchior – Nossa Língua Portuguesa (1996). YouTube, 16 fev. 2016. Disponível em: https://www.youtube.com/watch?v=joB1oBzNSQI. Acesso em: 28 jul. 2023.

SUMÁRIO

PARTE I
CONHECENDO OS CONCEITOS

1
SUSTENTABILIDADE E ESG 21
ESG: uma introdução 21
Breve panorama da desigualdade social 31
Sustentabilidade de pessoas e impacto positivo 35

2
CÉREBRO SOCIAL 43
A conexão 43
A teoria da mente 48
A adaptação 53
A recompensa 57

PARTE II
CÉREBRO E COMPORTAMENTO SOCIAL

3
COMPORTAMENTOS PRÓ E ANTISSOCIAIS 65
Exclusão e dor social 65
Comportamentos pró-sociais e antissociais 71

4
VIESES, RUÍDOS E COMPORTAMENTOS COLETIVOS.............79
Vieses, Sistema 1 e Sistema 2 79
Comportamentos extra e intragrupo... 80
Enviesado ou ruidoso? 87
Conformidade social e conflito 91

5
DA EMPATIA À AÇÃO PRÓ-SOCIAL ...97
O que não é empatia ...97
Empatia afetiva e empatia cognitiva ...98
Pensando pensamentos ...106

PARTE III
ORGANIZAÇÕES SOCIALMENTE SUSTENTÁVEIS

6
SUSTENTABILIDADE DE PESSOAS NAS ORGANIZAÇÕES ...113
Onde estamos e para onde podemos ir ...113
Resiliência e criatividade ...119
Cultura do erro ...123
Inteligência cultural ...124
Educação corporativa ...125

7
FORMAR É MAIS QUE INFORMAR ...129

8
RAIS – ROTEIRO DE AÇÃO EM INCLUSÃO SOCIAL ...133
Etapa 1 – Diagnosticar o cenário atual ...133
Etapa 2 – Comunicar o propósito ...134
Etapa 3 – Reconhecer os preconceitos ...135
Etapa 4 – Sensibilizar por vivências ...135
Etapa 5 – Agregar julgamentos ...137
Etapa 6 – Recategorizar conhecimentos ...138
Etapa 7 – Superar o custo cognitivo ...139
Etapa 8 – Agir: o limiar de ação ...140
Etapa 9 – Repetir e aperfeiçoar ...141

UM HORIZONTE SUSTENTADO ...143

REFERÊNCIAS ...147

PARTE I

CONHECENDO OS CONCEITOS

1

SUSTENTABILIDADE E ESG

> *[...] descobrimos cada vez mais que o custo da inação se torna significativamente maior do que o custo da ação*[2].
> (Paul Polman)

ESG: uma introdução

A conscientização sobre a importância dos fatores ESG, especialmente na prática da sustentabilidade de pessoas, tem ganhado cada vez mais reconhecimento entre empresas, investidores e formuladores de políticas na área. O lugar de destaque que a discussão ocupará nos próximos anos revela o caráter essencial que carrega: o desenvolvimento sustentável de futuras gerações.

A concepção de sustentabilidade como um equilíbrio entre pessoas, planeta e lucro não é recente como parece ser — encontramos discussões em torno deste modelo tríplice desde 1994[3], dez anos antes de a sigla ESG ser usada pela primeira vez. Esse tripé, conhecido como *Triple Bottom Line*, é considerado uma base na abordagem contemporânea da sustentabilidade. Com o tempo, e a progressão das pesquisas, os fundamentos desse tripé passaram por uma transformação significativa. O pilar "pessoas" adquiriu nova dimensão social, que passou a incorporar uma visão mais abrangente das necessidades humanas e do bem-estar. O pilar "planeta" passou a considerar o compromisso ambiental de vários *stakeholders*, ampliando o entendimento de responsabilidade ecológica. O pilar

---

[2] POLMAN, P.; WINSTON, A. *Impacto positivo (Net Positive)*: como empresas corajosas prosperam dando mais do que tiram. Tradução de Alves Calado. 1. ed. Rio de Janeiro: Sextante, 2022. p. 15.

[3] ECKSCHMIDT, T. Por que ESG, sozinho, nem sempre funciona? *MIT Sloan Management Review Brasil*, abr. 2023. Disponível em: https://www.mitsloanreview.com.br/post/por-que-esg-sozinho-nem-sempre-funciona. Acesso em: 28 jul. 2023.

"lucro" também sofreu transformações: a busca irrestrita pelo lucro deu lugar a uma abordagem mais orientada para a governança, que enfatiza a ética e a responsabilidade corporativa. Esse desenvolvimento contínuo resultou no surgimento do que hoje conhecemos por ESG, refletindo uma expansão de consciência e uma mudança na narrativa dos negócios, que apontam para uma nova direção, o capitalismo consciente[4].

Environmental, social and governance são os termos, no idioma inglês, que dão origem à sigla ESG, utilizada pela primeira vez no ano de 2004 na publicação *Who Cares Wins*[5], do Pacto Global da Organização das Nações Unidas (ONU). "Quem se Importa Vence" foi o título escolhido com o intuito de motivar ideais de integração dos fatores ambientais, sociais e de governança no mercado de capitais, tendo como ponto de partida as grandes instituições financeiras. Pela primeira vez eram destacadas as vantagens da integração dos fatores ESG e demonstrado que tal integração poderia levar a uma melhor gestão de riscos e retornos de longo prazo, além de contribuir no enfrentamento dos desafios globais de sustentabilidade. No Brasil, as responsabilidades ambientais, sociais e de governança utilizam também a sigla traduzida ASG.

O Pacto Global da ONU é uma iniciativa voluntária "para a promoção do crescimento sustentável e da cidadania, por meio de lideranças corporativas comprometidas e inovadoras"[6]. A iniciativa propõe diretrizes a serem seguidas no dia a dia das operações das organizações que decidem integrá-las e compreende dez princípios universais sobre direitos humanos, trabalho, meio ambiente e anticorrupção (Fig. 1.1). Desde seu lançamento, em 2000, o Pacto Global

---

[4] ECKSCHMIDT, 2023.
[5] THE GLOBAL COMPACT. *Who cares wins*: connecting financial markets to a changing world. [S. l.], 2004. Disponível em: https://documents1.worldbank.org/curated/en/280911488968799581/pdf/113237-WP-WhoCaresWins-2004.pdf. Acesso em: Acesso em: 28 jul. 2023.
[6] REDE BRASIL DO PACTO GLOBAL. *ESG*. Entenda o significado da sigla ESG (Ambiental, Social e Governança) e saiba como inserir esses princípios no dia a dia de sua empresa. [S. l.], c2023b. Disponível em: https://www.pactoglobal.org.br/pg/esg?gclid=CjwKCAjwsNiIBhBdEiwAJK4khvK4dZK7cEVN5XC-_N3-rvkGRzop2sV9vwqSA7yA0UQ2oJZXW_UebxoC47kQAvD_BwE. Acesso em: 28 jul. 2023.

cresceu e se tornou a maior iniciativa em sustentabilidade do mundo, com mais de 16 mil signatários, entre empresas, organizações da sociedade civil e outras entidades, distribuídas em mais de 70 redes locais, compostas por mais de 160 países. São responsáveis pela publicação de um relatório anual de progresso, que apresenta uma visão geral das iniciativas e atividades realizadas pelos signatários na promoção dos dez princípios do Pacto Global.

A Rede Brasil é a sede do Pacto Global neste país, com projetos voltados a ações garantidoras dos dez princípios universais, bem como dos chamados Objetivos de Desenvolvimento Sustentável (ODS), que são 17 objetivos propostos pela ONU aos países-membros (Fig. 1.2), em 2015, em uma agenda de desenvolvimento sustentável planejada para 15 anos, a chamada Agenda 2030[7]. Os signatários do Pacto Global são incentivados a alinhar suas estratégias de sustentabilidade com os ODS.

---

[7] NAÇÕES UNIDAS BRASIL. *Transformando nosso mundo*: a agenda 2030 para o desenvolvimento sustentável. [S. l.], 15 set. 2015. Disponível em: https://brasil.un.org/pt-br/91863-agenda-2030-para-o--desenvolvimento-sustentavel. Acesso em: 28 jul. 2023.

Figura 1.1 – Os dez princípios universais do Pacto Global

DIREITOS HUMANOS

(01) As empresas devem apoiar e respeitar a proteção de direitos humanos reconhecidos internacionalmente.

(02) Assegurar-se de sua não participação em violações destes direitos.

TRABALHO

(03) As empresas devem apoiar a liberdade de associação e o reconhecimento efetivo do direito à negociação coletiva.

(04) A eliminação de todas as formas de trabalho forçado ou compulsório.

(05) A abolição efetiva do trabalho infantil.

(06) Eliminar a discriminação no emprego.

MEIO AMBIENTE

(07) As empresas devem apoiar uma abordagem preventiva aos desafios ambientais.

(08) Desenvolver iniciativas para promover maior responsabilidade ambiental.

(09) Incentivar o desenvolvimento e difusão de tecnologias ambientalmente amigáveis.

ANTICORRUPÇÃO

(10) As empresas devem combater a corrupção em todas as suas formas, inclusive extorsão e propina.

Fonte: adaptado de Rede Brasil[8]

---

[8] REDE BRASIL DO PACTO GLOBAL. *Os dez princípios*. Disponível em: https://www.pactoglobal.org.br/10-principios. Acesso em 29 jul. 2023.

Figura 1.2 – Objetivos de Desenvolvimento Sustentável

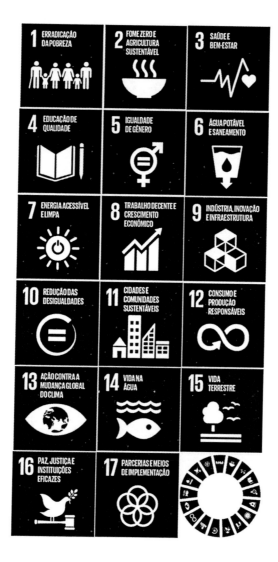

Fonte: PNUD[9]

---

[9] PNUD. *Objetivos de desenvolvimento sustentável*: manual de identidade visual. [S. l.], 2015. Disponível em: http://www4.planalto.gov.br/ods/publicacoes/manual-de-identidade-visual-ods-pnud.pdf?TSPD_101_R0=086567d05fab20008301039910ea535d40b0f179c78f761ea9ad426c585c1f4a4c1ac1ae841c4e-4208d7864b6c14300048b2500c12f4d983ee508a08e77df71a2da26283313935f492588e30ef471f2c-10f3e9b3b7607f502e9708e2a9dbb0ff. Acesso em: 29 jul. 2023.

Sustentabilidade e ESG, desde então, têm sido cada vez mais mencionados em relatórios organizacionais, sociais e nas mídias especializadas. Com tal visibilidade, crescente e global, as questões ESG passaram a ser consideradas pontos críticos na avaliação das oportunidades de investimento, iniciando um movimento de busca pela compreensão e pela aplicabilidade dessa nova demanda. Compreender a sustentabilidade, em suas múltiplas esferas, torna-se uma corrida contra o tempo para as organizações que reconhecem que os investimentos institucionais estarão cada vez mais atrelados às boas práticas empresariais.

Fatores ESG deixam de ser uma escolha, uma opção. Criar meios de sobrevivência para nosso planeta, nossas organizações e nossas pessoas são necessidades reais, atingíveis apenas com planejamento de longo prazo, por meio de lideranças visionárias e dispostas a começar, hoje, a construção do sucesso de nosso futuro. Não é uma tarefa simples, são muitas as barreiras a serem superadas pelo caminho e a mudança para uma nova forma de pensar é a primeira delas, por requerer uma mudança fundamental na maneira como as pessoas operam e mensuram o próprio sucesso. Muitas vezes, é necessário mudar a mentalidade de toda a empresa, desde a diretoria até os funcionários de base, o que pode ser um grande desafio. Outras barreiras conhecidas são a inconsistência de padrões, que podem tornar a implementação confusa e complicada, principalmente no que se refere à mensuração e divulgação, pois pode ser difícil encontrar as métricas corretas para avaliar seu progresso, bem como relatar esses dados de maneira precisa e significativa. Além disso, a falta de compreensão sobre a importância das práticas pode dificultar a obtenção do apoio necessário em investimentos para sua implementação, pois mudar processos e práticas pode exigir investimentos expressivos e, para muitas empresas, especialmente as menores, os custos iniciais podem ser proibitivos.

É importante, ainda, mencionar o risco de *greenwashing*, uma preocupação crescente de que algumas empresas adotem as políticas ESG apenas superficialmente, buscando melhorar sua imagem pública, mas sem fazer mudanças significativas em suas práticas[10].

---

[10] ESG e greenwashing: como mitigar o risco entre fornecedores e terceiros. *Exame*, [s. l.], 23 abr. 2022. Disponível em: https://exame.com/esg/esg-e-greenwashing-como-mitigar-o-risco-entre-fornecedores--e-terceiros/. Acesso em: 28 jul. 2023.

Nesse contexto, grupos investidores passam a assumir compromissos públicos de integrar esses valores em suas estratégias, sinalizando, abertamente, uma mudança no cenário de investimentos. Com a mudança de cenário vem a necessidade da criação de novos indicadores e índices, o que resulta no aumento do foco regulatório sobre as questões ESG, com governos e organizações implementando políticas e diretrizes destinadas a promover a sustentabilidade e o investimento responsável. Essa compreensão se reflete nas empresas que vêm incorporando cada vez mais práticas de sustentabilidade em suas estratégias de negócios.

No Brasil, a Bolsa de Valores — B3 — emprega o Índice de Sustentabilidade Empresarial, o ISE B3, indicador de desempenho entre empresas reconhecidamente comprometidas com a sustentabilidade. Esse índice apoia investidores na tomada de decisão[11]. A Natura, uma das maiores empresa de cosméticos do Brasil, fez da sustentabilidade uma parte essencial de seu modelo de negócios e estabeleceu metas significativas em seu documento chamado Impacto Positivo 2050, no qual objetiva não apenas neutralizar impactos negativos, como também promover bem social, ambiental, econômico e cultural[12]. O Banco Central do Brasil emitiu diretrizes para que as instituições financeiras considerem os riscos e oportunidades ESG em suas decisões de empréstimos e investimentos e passou a divulgar relatórios, considerados um marco na agenda de sustentabilidade no setor bancário brasileiro[13]. Outras medidas também vêm sendo tomadas para aprimorar práticas sociais e de governança, como implementar políticas de diversidade e inclusão, aumentar o número de mulheres em conselhos corporativos e estabelecer comitês de sustentabilidade. Entretanto, apesar do crescimento das buscas pelo entendimento do ESG, muito do que se

---

[11] ISE B3. *O que é o ISE B3*. [S. l.], c2019. Disponível em: https://iseb3.com.br/o-que-e-o-ise. Acesso em: 28 jul. 2023.

[12] NATURA. *Pense impacto positivo*: visão de sustentabilidade 2050. [S. l.], 2019. Disponível em: https://static.rede.natura.net/html/home/2019/janeiro/home/visao-sustentabilidade-natura-2050-progresso-2014.pdf?iprom_id=visao2050_botao&iprom_name=destaque2_botao_leiamais_23052022&iprom_creative=pdf_leiamais_visao2050&iprom_pos=1. Acesso em: 28 jul. 2023.

[13] SCHUR, R.; PEREIRA, D. Última chamada para adequação às normas ESG emitidas pelo Banco Central. *Ernst & Young Global Limited*, [s. l.], 22 jul. 2022. Disponível em: https://www.ey.com/pt_br/sustainability/normas-esg-banco-central. Acesso em: 28 jul. 2023.

refere à pauta ainda possui abordagem considerada mais informativa do que prática. É o que a Rede Brasil indicou, após levantamento dos dados identificados nas mídias digitais, em conjunto com a plataforma multicanal Stilingue[14].

Com o uso de inteligência artificial no acompanhamento simultâneo do tema ESG e seus temas subjacentes, em canais digitais, foi possível observar alguns pontos de destaque: as preocupações ambientais foram impulsionadas pela forte onda de desmatamento e desastres ambientais ocorridos nos últimos anos, como o rompimento de barragens, incêndios de grande magnitude e derramamento de óleo no litoral brasileiro. Tragédias que levaram vidas humanas, destruíram comunidades, arrasaram biomas e prejudicaram economias locais. As preocupações sociais foram atreladas à demanda crescente pela observância e respeito aos direitos humanos e inclusão social, cada vez mais exigidas pela sociedade. São exemplos os casos reiterados de racismo, o trabalho análogo à escravidão, a violência contra a população LGBTQIAPN+ e o genocídio indígena. É ressaltada, ainda, a necessidade de oportunidades de emprego para pessoas das diversas minorias em ambientes de trabalho formais. Por fim, a governança volta à lembrança a cada novo escândalo noticiado de corrupção, envolvendo grandes empresas e figuras públicas, como algumas operações bastante famosas deflagradas contra políticos e executivos de alto escalão, além de outros casos de extorsão, suborno e tráfico de influência.

A plataforma[15] identificou que a procura pelo ESG nos canais digitais chegou a aumentar seis vezes no intervalo de um ano, durante 2020, a maior expansão já analisada do tema. No mesmo período, os relatórios empresariais da Rede Brasil indicaram uma maioria de representantes do setor reafirmando seu interesse por entender melhor a agenda e os critérios ESG. Nos espaços digitais a imprensa também passou a estimular a discussão. Esse movimento, nascido tanto da conscientização quanto da necessidade de sobrevivência no contexto

---

[14] REDE BRASIL DO PACTO GLOBAL; STILINGUE. *A Evolução do ESG no Brasil*. [S. l.], 2021. Disponível em: https://conteudos.stilingue.com.br/estudo-a-evolucao-do-esg-no-brasil. Acesso em: 28 jul. 2023.

[15] REDE BRASIL DO PACTO GLOBAL; STILINGUE, 2021.

empresarial, tem levado à identificação e priorização das principais necessidades e expectativas que surgem na agenda ESG. No entanto, uma realidade se torna claramente visível: há uma grande disparidade entre as necessidades e expectativas identificadas e as ações efetivamente realizadas para atendê-las. Essa disparidade é um alerta à necessidade de ações urgentes e concretas.

Atrelar critérios socioambientais aos investimentos tem cumprido seu papel de incentivo às práticas sustentáveis. Para sua própria sobrevivência, torna-se necessário que as organizações se preocupem com sua reputação e imagem, com a otimização de recursos e com a atração e retenção de talentos. Entretanto, recente relatório do Pacto Global[16] menciona que as próprias organizações identificam a necessidade de uma melhor estruturação de áreas de apoio ao ESG e de maior capacitação de profissionais no tema, com conscientização, letramento e implementação de ações práticas, além da necessidade de um maior apoio das lideranças. O amadurecimento do tema exige uma maior compreensão das responsabilidades organizacionais frente aos desafios da humanidade, pois ainda que grandes organizações mantenham departamentos voltados ao ESG, estruturados para controle e observância dos impactos de seus produtos e serviços sobre a sociedade e o planeta, ainda não há o acolhimento de muitas das demandas explicitadas pela sociedade. Fazer apenas o mínimo é um dos fatores que perpetuam a disparidade entre as necessidades e as ações[17, 18].

O relatório nos mostra que a maioria dos esforços atende, primeiramente e com vantagem, às questões regulatórias do trabalho e da implementação de melhorias de ordem administrativa e de gestão, que impactam a governança. A mudança climática é reportada no

---

[16] REDE BRASIL DO PACTO GLOBAL; FALCONI; STILINGUE. *Como está a sua agenda ESG?* [S. l.], 2023. Disponível em: https://storage.pardot.com/979353/1678468562cJcnh9tT/E_BOOK___ESG2023.pdf. Acesso em: 28 jul. 2023.

[17] MATSUE, C. Estudo mostra quais são as empresas campeãs em ESG do Brasil na opinião dos consumidores. *Valor Investe*, Empresas, [s. l.], 15 jun. 2022. Disponível em: https://valorinveste.globo.com/mercados/renda-variavel/empresas/noticia/2022/06/15/estudo-mostra-quais-sao-as-empresas-campeas-em-esg-do-brasil-na-opiniao-de-consumidores.ghtml. Acesso em: 28 jul. 2023.

[18] WALK THE TALK. *O mundo que queremos amanhã começa com como fazemos negócios hoje.* [S. l.], c2023. Disponível em: https://wearewalkthetalk.com.br. Acesso em: 28 jul. 2023.

cumprimento de requisitos ambientais mínimos, como o controle da emissão de poluentes. Ficam na expectativa da sociedade outras soluções, como as relativas à inclusão social, à sustentabilidade de pessoas e à diminuição das desigualdades. A sustentabilidade de pessoas, apesar de tema recorrente em diversas discussões, ainda aparece timidamente na agenda das iniciativas das grandes organizações (Fig. 1.3).

Figura 1.3 – Temas materiais citados pelo relatório ESG/Ibovespa

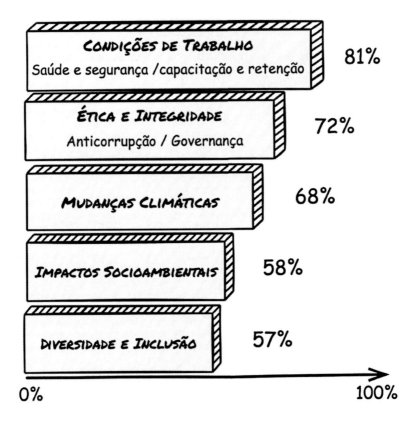

Fonte: adaptado de PwC Brasil[19]

---

[19] PWC BRASIL. *ESG no Ibovespa*. [S. l.], 2022. Disponível em: https://www.pwc.com.br/pt/estudos/servicos/auditoria/2022/ESG_IBOVESPA.pdf. Acesso em: 28 jul. 2023.

O S, de social, ainda é o pilar menos explorado do ESG, apesar de fundamental ao avanço dos resultados esperados na Agenda 2030. No documento publicado em 2015, "Transformando nosso mundo", a ONU nos explica de modo muito emblemático o momento atual, ao dizer que se vive hoje "um chamado à ação para mudar o nosso mundo" e isso significa estender o olhar ao social, ao humano e à compreensão de que esta geração "pode ser a primeira... a ter sucesso em acabar com a pobreza, assim como também pode ser a última a ter uma chance de salvar o planeta"[20].

Breve panorama da desigualdade social

O Brasil é um dos países mais desiguais do mundo. Dados do Credit Suisse Global Wealth Report[21], Instituto Brasileiro de Geografia e Estatística[22] (IBGE) e do Instituto de Pesquisa Econômica Aplicada[23] (Ipea) demonstram que a desigualdade social e econômica reflete-se não apenas na distribuição de renda e riqueza, mas também no acesso aos serviços básicos, como saúde, educação e saneamento. A desigualdade social tem raízes históricas profundas, marcada por séculos de escravidão, colonialismo e exclusão de grupos vulneráveis do poder político e econômico[24]. A mobilidade social — mudança de posição dentro da estrutura hierárquica da sociedade — tem sido uma perspectiva reincidentemente abordada nos estudos sobre a desigualdade. No Brasil, a mobilidade social apresenta-se historicamente limitada, com forte persistência intergeracional de nível social e econômico. Isso

---

[20] NAÇÕES UNIDAS BRASIL, 2015.
[21] CREDIT SUISSE. *Global Wealth Report 2022*: leading perspectives to navigate the future. [S. l.], 2022. Disponível em: https://www.credit-suisse.com/about-us/en/reports-research/global-wealth-report.html. Acesso em: 28 jul. 2023.
[22] IBGE. *Pesquisa Nacional por Amostra de Domicílios Contínua*: PNAD Contínua. [S. l.], 2020. Disponível em: https://biblioteca.ibge.gov.br/index.php/biblioteca-catalogo?view=detalhes&id=2101950. Acesso em: 28 jun. 2023.
[23] IPEA. *Cadernos ODS*: ODS 10 Reduzir a desigualdade dentro dos países e entre eles. [S. l.], 2019. Disponível em: https://www.ipea.gov.br/portal/images/stories/PDFs/livros/livros/190524_cadernos_ODS_objetivo_10.pdf. Acesso em: 28 jul. 2023.
[24] PIRES, R. R. C. *Implementando desigualdades*: reprodução de desigualdades na implementação de políticas públicas. Rio de Janeiro: Ipea, 2019. p. 60. Disponível em: https://repositorio.ipea.gov.br/bitstream/11058/9323/1/Implementando%20desigualdades_reprodução%20de%20desigualdades%20na%20implementação%20de%20pol%C3%ADticas%20públicas.pdf. Acesso em: 28 jul. 2023.

significa que os indivíduos nascidos em famílias desfavorecidas têm maior probabilidade de permanecer na mesma posição no decorrer de suas vidas.

A mobilidade intergeracional é um fator de grande importância para os estudos sobre equidade, pois mostra os números dessa desigualdade passados de geração a geração. Resultados importantes sobre as estimativas de renda intergeracional no Brasil foram divulgados por pesquisadores da Universidade Federal de Pernambuco (UFPE), em conjunto com a Bocconi University — escola de economia e administração localizada na Itália. Foram levantados os dados sobre o desenvolvimento econômico de 1,3 milhão de crianças nascidas no intervalo de 1988 a 1990, bem como de ambos os seus pais. Os resultados comprovam, em números, que o Brasil é um país caracterizado por alta desigualdade e pobreza generalizada. A mobilidade social brasileira parece ser muito menor do que a de qualquer outro país com características semelhantes[25].

A pesquisa mostra que, nas famílias onde os pais fazem parte da parcela dos 20% mais pobres, os filhos têm mais de 46% de chance de permanecerem na mesma faixa de pobreza. A renda dos pais também está fortemente relacionada com escolaridade, gravidez na adolescência, ocupação e mortalidade. Existe, ainda, grande disparidade entre regiões, gêneros e grupos raciais — mulheres, pessoas pretas, pardas e residentes nas regiões Norte e Nordeste têm probabilidades de ascensão socioeconômica ainda mais diminuídas, nas palavras dos pesquisadores, "retratando uma terra das desigualdades na qual as oportunidades das crianças dependem profundamente do nível socioeconômico, das conexões e da localização de seus pais"[26].

O estudo indica uma probabilidade de apenas 2,5% dos filhos de pais que se encontram na parcela socioeconômica mais vulnerável chegarem ao topo da estrutura social em uma única geração, o tempo padrão para atingir essa mesma medida é de sete gerações. O mais comum é que essas crianças permaneçam no mesmo quintil de 20%

---

[25] BRITTO, D.; FONSECA, A.; PINOTTI, P.; SAMPAIO, B.; WARNAR, L. *Intergenerational mobility in the land of inequality*. Baffi Carefin Centre Research Paper No. 2022-186, 2022. Disponível em: https://ssrn.com/abstract=4237631. Acesso em: 28 jul. 2023.

[26] BRITTO *et al.*, 2022, p. 39.

ou atinjam o próximo quintil, de 40%. O oposto também é verdadeiro, estima-se que exista apenas 4% de possibilidade de filhos de pais do estrato socioeconômico mais alto moverem-se para o estrato socioeconômico mais baixo, em uma única geração (Fig. 1.4).

Figura 1.4 – Matriz de probabilidade de mobilidade geracional

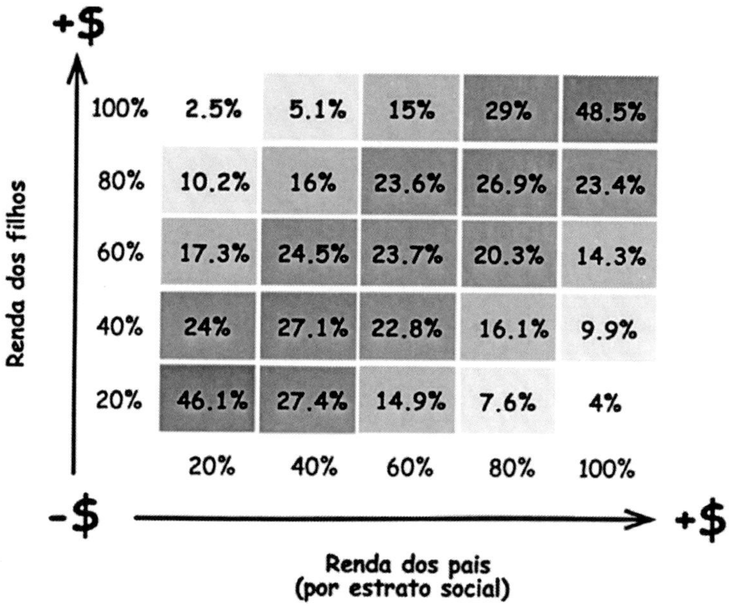

Renda dos filhos \ Renda dos pais	20%	40%	60%	80%	100%
100%	2.5%	5.1%	15%	29%	48.5%
80%	10.2%	16%	23.6%	26.9%	23.4%
60%	17.3%	24.5%	23.7%	20.3%	14.3%
40%	24%	27.1%	22.8%	16.1%	9.9%
20%	46.1%	27.4%	14.9%	7.6%	4%

Nota: A tabela mostra a probabilidade de filhos nascidos de pais de um dado estrato de distribuição de renda familiar (eixo horizontal) moverem-se de estrato de renda durante a vida adulta (eixo vertical).

Fonte: adaptado de Britto et al.[27]

Em complemento a esses dados, tem-se ainda que os brasileiros mais pobres, aqueles pertencentes às classes D e E, são a maioria da população[28,29]. Dados da Fundação Getúlio Vargas Social (FGV Social) demonstram

---
[27] BRITTO et al., 2022.
[28] CLASSES D e E continuarão a ser mais da metade da população até 2024, projeta consultoria. *Infomoney*, Desigualdade Social, 26 abr. 2022a. Disponível em: https://www.infomoney.com.br/minhas-financas/classes-d-e-e-continuarao-a-ser-mais-da-metade-da-populacao-ate-2024-projeta-consultoria/. Acesso em: 28 jul. 2023.
[29] CLASSES D e E já representam mais de metade da população brasileira, aponta estudo. *Exame*, [s. l.], 15 out. 2022b. Disponível em: https://exame.com/brasil/classes-d-e-e-ja-representam-mais-de-metade-da-populacao-brasileira-aponta-estudo/. Acesso em: 28 jul. 2023.

a desigualdade de renda "indo para a ponta do ranking mundial"[30], com piora expressiva da insegurança alimentar entre os 20% mais pobres no Brasil, com atributos de feminização da fome — a diferença entre gêneros na insegurança alimentar no Brasil chega a ser seis vezes maior do que a média global[31]. Nas classes D e E, cerca de 47% da renda é proveniente do trabalho, complementada por Previdência Social e auxílios governamentais; já na classe A, esse número cai para aproximadamente 25%, e os 75% restantes são provenientes de juros de aplicações financeiras, aluguéis e lucros de empresas. A mesma projeção revela que, para o ano de 2030, as classes D e E serão, aproximadamente, 46% da população, realidade bastante diferente daquela proposta na Agenda 2030 do Pacto Global.

Na era da hiperconectividade, na qual estamos inseridos, vemos crescer a busca pela transparência, pelo acesso e pela disseminação da informação. A união dessas vozes atua para que já não seja mais possível ignorar as demandas sociais: existe a demanda ética e moral para a construção de negócios humanizados e conscientes. Impulsionadas pelas redes sociais e representatividade na mídia, demandas sociais que passariam despercebidas hoje ganham voz, que tem sido utilizada com o intuito de mudar um cenário preocupante: ainda que existam leis protetoras, há enorme desigualdade em diversas esferas dos direitos e das liberdades[32].

É comprovado que empresas investidoras em políticas inclusivas apresentam maior propensão a gerar lucros, devido ao diferencial competitivo. Elas também apresentam melhores práticas de negócios e comportamento mais eficaz por parte da liderança, entretanto, apesar dos benefícios claros, é pequeno o percentual de empresas brasileiras que refletem a diversidade do país em suas posições de liderança[33].

---

[30] NERI, M. Mapa da Riqueza no Brasil. *FGV Social*, [s. l.], 2023. Disponível em: https://www.cps.fgv.br/cps/bd/docs/MapaDaRiquezaIRPF_Curta_FGV_Social_Neri.pdf Acesso em: 28 jul. 2023.

[31] NERI, M. Insegurança alimentar no Brasil: pandemia, tendências e comparações internacionais. *FGV Social*, [s. l.], 2022. Disponível em: https://www.cps.fgv.br/cps/bd/docs/Texto-Inseguranca-Alimentar-no-Brasil_Marcelo-Neri_FGV-Social.pdf. Acesso em: 28 jul. 2023.

[32] PERUZZO, C. M. K. Cidadania nas organizações empresariais: provocando reflexões sobre respeito à diversidade. *Intercom*: Revista Brasileira de Ciências da Comunicação, São Paulo, v. 44, n. 2, p. 275-290, set. 2021. Disponível em: https://www.scielo.br/j/interc/a/pK9tRFNPPc6ZbhLn4zWdQYs/?lang=pt#. Acesso em: 28 jul. 2023.

[33] MCKINSEY & COMPANY. *Diversity Matters*: América Latina. [S. l], jul. 2020. Disponível em: https://www.mckinsey.com/br/our-insights/diversity-matters-america-latina. Acesso em: 29. jul. 2023.

A implantação de uma agenda socialmente relevante exige uma reconfiguração da filosofia de negócios, de modo que valor social e lucro coexistam com o respeito aos princípios de sustentabilidade. Nesse contexto, o lucro se transforma em uma consequência natural da adesão a princípios fundamentais para a sustentabilidade, permitindo que as organizações reduzam as desigualdades sociais e sobrevivam, adaptando-se de modo dinâmico às demandas da sociedade[34, 35].

Sustentabilidade de pessoas e impacto positivo

A sustentabilidade de pessoas — dimensão social da sustentabilidade — envolve a promoção de práticas equitativas e inclusivas que apoiam o bem-estar, a justiça social e a igualdade de oportunidades. Visa estabelecer sistemas que garantam, para além dos recursos básicos, a proteção de direitos e o suporte ao potencial de desenvolvimento, respeitadas as necessidades individuais. É essencial para o bem-estar de qualquer sociedade, e é cada vez mais reconhecida como um elemento-chave da responsabilidade corporativa e do sucesso organizacional de longo prazo.

A associação ao termo impacto positivo, ou *net positive,* como conhecido no idioma inglês, ocorre pela compreensão de que a ideia de sustentabilidade vai além de reduzir danos ou alcançar um impacto neutro. No impacto positivo, os negócios são elementos contribuintes para o desenvolvimento social e ambiental. É uma abordagem que busca devolver à sociedade e ao meio ambiente mais do que retira, de acordo com Paul Polman, CEO da Unilever entre 2008 e 2019, um precursor do conceito. Foi sob a liderança dele que o *Unilever Sustainable Living Plan* — Plano de Vida Sustentável da empresa — foi desenhado: a Unilever estabeleceu objetivos audaciosos de melhorar

---

[34] LIMA, M. S; RIBEIRO, F. B. Capitalismo consciente: uma configuração mais justa ou a arte de se reinventar para continuar a existir? *Revista da Associação Portuguesa de Sociologia*, Lisboa, n. 22, abr. 2020. Disponível em: https://revista.aps.pt/pt/capitalismo-consciente-uma-configuracao-mais-justa-ou-a-arte-de-se-reinventar-para-continuar-a-existir/. Acesso em: 29 jul. 2023.

[35] REDECKER, A. C.; TRINDADE, L. M. Práticas de ESG em sociedades anônimas de capital aberto: um diálogo entre a função social instituída pela Lei 6.404/1976 e a geração de valor. *Revista Jurídica Luso-Brasileira*, Lisboa, ano 7, n. 2, p. 50-125, 2021. Disponível em: https://www.cidp.pt/revistas/rjlb/2021/2/2021_02_0059_0125.pdf. Acesso em: 29 jul. 2023.

a saúde e o bem-estar de todos os envolvidos em suas operações, reduzir o impacto ambiental e aumentar oportunidades econômicas, de maneira pragmática, desenvolvendo metas claras e mensuráveis. As mudanças implementadas influenciaram profundamente a estrutura da empresa, que continua comprometida com a sustentabilidade. O plano atual, chamado *Unilever Compass,* fundamenta-se nos progressos alcançados e estabelece novas ambições para 2030[36, 37]. Para Polman, a ausência de planos com aplicabilidade real, aliada ao imediatismo cada vez maior, principalmente na política, abre uma enorme lacuna, espaço vazio que é imperativo as empresas ocuparem, não atuando sozinhas, mas em novas formas de organização civil, já que "as empresas não conseguem prosperar em sociedades arruinadas"[38].

As organizações podem, e devem, para além de sua função social, serem geradoras de valor, ao incorporarem responsabilidade e sustentabilidade social a seus processos, seja por iniciativas que podem se relacionar com sua atividade-fim ou, ainda, extrapolá-la ao encontrar meios de conectar-se aos problemas e necessidades sociais atuais. A responsabilidade social corporativa pode ir além do cumprir de suas obrigações legais. Ao incorporar políticas de inclusão social em sua gestão estratégica, as organizações podem estabelecer uma visão sistêmica para o desenvolvimento de longo prazo. Essa abordagem não só gera impactos mais amplos, mas também contribui para o desenvolvimento sustentável, estabelecendo uma ponte entre os diversos setores da sociedade[39].

Empresas que apostaram veem revertidos seus esforços na recuperação ambiental, no aperfeiçoamento de diretrizes em governança e nas pessoas: saúde, progresso pessoal e crescimento coletivo. A Natura, já mencionada anteriormente, adotou uma abordagem de

---

[36] POLMAN, P.; WINSTON, A. *Impacto positivo (Net Positive):* como empresas corajosas prosperam dando mais do que tiram. Tradução de Alves Calado. 1. ed. Rio de Janeiro: Sextante, 2022. p. 139.

[37] UNILEVER. *Planeta e sociedade.* [S. l.], c2023. Disponível em: https://www.unilever.com.br/planet-and-society/. Acesso em: 29 jul. 2023.

[38] POLMAN; WINSTON, 2022, p. 46.

[39] BORGER, F. G. Responsabilidade social empresarial e sustentabilidade para a gestão empresarial. São Paulo: Instituto Ethos, 2013. Disponível em: https://www.ethos.org.br/cedoc/responsabilidade-social-empresarial-e-sustentabilidade-para-a-gestao-empresarial/. Acesso em: 29 jul. 2023.

impacto social positivo em suas operações, implementando políticas para promover a diversidade em sua força de trabalho por meio de programas de incentivo à participação de grupos sub-representados na liderança. A empresa também possui programas de combate às desigualdades e projetos em educação pública[40]. Itaú Unibanco tem uma série de compromissos de impacto positivo, voltados a diferentes temáticas, que incluem financiamento em setores afins, gestão inclusiva e empreendedorismo[41]. A Ambev criou uma plataforma exclusiva para tratar frentes compatíveis aos ODS da ONU. Na área social, atuam pela transformação, com o envolvimento de mentorias e ONGs pela equidade racial e pela inclusão das diversidades[42]. Todas integram o Pacto Global. A adoção de práticas de sustentabilidade social pelas empresas gera benefícios para além da lucratividade, gera desenvolvimento.

Esse desenvolvimento acontece nos níveis social, organizacional e pessoal. Como veremos em maiores detalhes nos capítulos seguintes, o ambiente social em que um indivíduo está inserido pode influenciar diretamente seus processos cognitivos e emocionais: estar incluído e se sentir valorizado pode impactar profundamente as escolhas e decisões, afetando tanto comportamentos conscientes quanto não conscientes. Ao promover a sustentabilidade de pessoas, uma organização pode, efetivamente, ampliar a percepção de seus funcionários e demais *stakeholders*, minimizando vieses comportamentais e criando um ambiente de trabalho mais equitativo e inclusivo. Essa transformação pode resultar em um aumento significativo nos níveis de satisfação e bem-estar no local de trabalho[43]. A sustentabilidade social

---

[40] NATURA. *Nós escolhemos nos importar com todas as pessoas da nossa rede.* [S. l.], 2023. Disponível em: https://www.natura.com.br/sustentabilidade/cada-pessoa-importa?iprom_creative=lp_saibamais_cada-pessoa-importa&iprom_id=omundomaisbonito_bannerfull&iprom_name=destaque3_cadapessoa_02062022&iprom_pos=3. Acesso em 29 jul. 2023.

[41] ITAÚ. *Estratégia ESG.* [S. l.], c2021. Disponível em: https://www.itau.com.br/sustentabilidade/estrategia-esg/. Acesso em: 29 jul. 2023.

[42] AMBEV. *Sustentabilidade.* [S. l.], c2022. Disponível em: https://www.ambev.com.br/sustentabilidade. Acesso em: 29 jul. 2023.

[43] SZCZEPANIK, J. E.; BRYCS, H.; KLEKA, P.; FANSLAU, A.; ZARETE, Jr. C. A.; NUGENT, A. C. Metacognition and emotion: how accurate perception of own biases relates to positive feelings and hedonic capacity. *Consciousness and Cognition*, [s. l.], v. 82, 2020. Disponível em: https://www.sciencedirect.com/science/article/abs/pii/S1053810019303538. Acesso em: 29 jul. 2023.

pode gerar benefícios ainda mais amplos, pois, ao tornar as oportunidades de emprego mais acessíveis aos grupos sub-representados, as empresas tornam-se agentes do combate às desigualdades, fortalecem a mobilidade econômica e contribuem para o desenvolvimento de comunidades. Esses benefícios demonstram que a sustentabilidade social vai além de fazer o que é certo, ela melhora o desempenho organizacional e contribui para o progresso da sociedade como um todo. Ela gera impacto positivo.

Temos o privilégio de vivenciar, e sermos parte, do pleno desenvolvimento das estruturas que farão de nós sociedades sustentáveis, com as organizações tendo a oportunidade de agir, ativamente, nesse desenvolvimento, formando e remodelando os pilares à medida que as necessidades da sociedade sinalizam novos caminhos. As necessidades mais recorrentes têm sido observadas pela Rede Brasil do Pacto Global e se refletem nos movimentos da iniciativa Ambição 2030[44], criada para acelerar as metas propostas pela Agenda 2030 das Nações Unidas. Os movimentos já abordam necessidades como a equidade de gênero, o salário digno como aspecto essencial do trabalho decente, a capacitação e promoção para lideranças de pessoas negras ou pertencentes a outros grupos étnicos socialmente vulneráveis, as instituições eficazes e a pauta da saúde mental nas organizações, com ações concretas de suporte e criação de ambientes de trabalho saudáveis.

O trabalho decente e saudável, oferecido de maneira diversa e equitativa, pode, então, ser um agente modificador da realidade social brasileira. Aumentar a proporção de trabalhadores formais, originários de classes sub-representadas, fomentando sua capacitação e oferecendo oportunidades de desenvolvimento profissional, pode ser elemento de geração de valor social não apenas pela ótica da redução das desigualdades, que impactam toda a sociedade, mas também pela abordagem do equilíbrio físico, mental e emocional, que gera pertencimento, identificação, inovação competitiva e saúde organizacional.

---

[44] REDE BRASIL DO PACTO GLOBAL. *Ambição 2030*: movimentos. [*S. l.*], c2023a. Disponível em: https://www.pactoglobal.org.br/movimentos. Acesso em 29 jul. 2023.

Conforme se consolidam os indicadores, índices e diretrizes da sustentabilidade, que impulsionam a prática consistente e padronizada, emergem os pilares da sustentabilidade de pessoas[45, 46, 47, 48, 49]:

- diversidade, equidade e inclusão — ambiente de trabalho inclusivo, que respeita a diversidade de raça, gênero, orientação sexual, idade, deficiências, histórico socioeconômico, nacionalidade e religião. Valoriza as diferentes experiências e com elas busca o crescimento, garantindo oportunidades equitativas de desenvolvimento e pertencimento;

- saúde e segurança — ambiente físico seguro, que promova a saúde dos colaboradores, com medidas para a prevenção de acidentes de trabalho e doenças ocupacionais, disponibilidade e treinamentos quanto aos equipamentos de proteção individual e maquinários, além de procedimentos estabelecidos para situações emergenciais;

- bem-estar e equilíbrio — bem-estar integrado dos colaboradores, sob os aspectos sociais, emocionais, psicológicos e profissionais. Inclui o oferecimento de recursos e ferramentas de suporte aos desafios encontrados no equilíbrio entre a vida pessoal e a vida profissional, com manutenção de hábitos saudáveis, gerenciamento do estresse e incentivo à qualidade de vida;

---

[45] AJMAL, M. M.; KHAN, M.; HUSSAIN, M.; HELO, P. Conceptualizing and incorporating social sustainability in the business world. *International Journal of Sustainable Development & World Ecology*, [s. l.], v. 25, p. 327-339, 29 nov. 2017. Disponível em: https://doi.org/10.1080/13504509.2017.1408714. Acesso em: 29 jul. 2023.

[46] BOYER, R. H. W.; PETERSON, N. D.; ARORA, P.; CADWELL, K. Five approaches to social sustainability and an integrated way forward. Sustainability, [s. l.], v. 8, n. 878, 2016. Disponível em: https://doi.org/10.3390/su8090878. Acesso em: 29 jul. 2023.

[47] WORLD ECONOMIC FORUM. *How your business can benefit from people sustainability*. Davos, 4 jan. 2023. Disponível em: https://www.weforum.org/agenda/2023/01/how-your-business-benefit-people-sustainability-davos2023/. Acesso em: 29 jul. 2023.

[48] GREEN, A. *Investments in people sustainability drive positive business outcomes*. [S. l.], 12 out. 2022. Disponível em: https://news.sap.com/2022/10/people-sustainability-investment-sap-research/. Acesso em: 29 jul. 2023.

[49] ANDERSON, K.; SOMMER, C.; FASSINO, G.; GRÜNEWALD, J. *Sustainability*: people sustainability in organisations – a European study. Mercer, 2022. Disponível em: https://www.mercer.com/assets/de/de_de/shared-assets/local/attachments/pdf-esg_european_study_2022_en_final.pdf. Acesso em: 29 jul. 2023.

- capacitação e desenvolvimento — oportunidade de desenvolvimento pessoal e profissional, reconhecendo os colaboradores como indivíduos com aspirações, talentos e potenciais a serem desenvolvidos na trajetória profissional, aplicados ao benefício mútuo, pessoal e organizacional. Inclui planos de desenvolvimento de carreira, treinamentos, educação continuada para melhoria de habilidades e aquisição de competências;
- integridade e transparência — cultura organizacional e seu relacionamento com os colaboradores, por meio do uso de comunicação clara e eficaz, transparência nas informações e consistência nas ações institucionais. Inclui a integridade e a ética sobre práticas, desempenhos e decisões que impactam a vida profissional do colaborador;
- propósito organizacional — definição de objetivos, missão e valores organizacionais e seu alinhamento com o impacto positivo que pretendem causar. É a visão coletiva capaz de engajar e motivar colaboradores e demais *stakeholders* por um objetivo comum.

Essa consolidação de diretrizes mostra-nos que, apesar de as áreas social e governança serem distintas dentro do ESG, elas estão intrinsecamente conectadas, pois as decisões de governança impactam a maneira como as decisões sociais são gerenciadas e, inversamente, questões sociais influenciam práticas de governança. Uma governança eficaz pode criar um ambiente propício para o respeito aos direitos dos trabalhadores, a igualdade de gênero e a inclusão, enquanto práticas sociais inadequadas podem prejudicar o desempenho, a reputação e a confiança de uma empresa.

É inegável a importância da sustentabilidade social e a constatação de que ela é, comparativamente, menos aplicada que as demais iniciativas. É chegado o momento da necessária discussão: gerar estratégias para a sustentabilidade de pessoas, que funcionem como aceleradoras do processo de impacto social positivo, garantindo representatividade, equidade de oportunidades e diminuição das desigualdades. As organizações precisam agir de modo que suas ações não sejam percebidas como atos de generosidade, e sim como correções que não devem mais ser adiadas.

Contudo, para que essas mudanças ocorram, é preciso compreender o cerne das relações humanas, o funcionamento de nosso cérebro social. Compreender quais motivações nos impedem de agir, quais nos impulsionam, quais camadas de vieses conseguimos enxergar e em quais delas ainda estamos no escuro. É preciso quebrar crenças e construir pontes, numa trilha de conhecimento com alcance para além da vantagem competitiva: a saúde organizacional e a transformação social.

2

CÉREBRO SOCIAL

> *Não é possível separar a causa de uma emoção do mundo dos relacionamentos — são nossas interações sociais que impulsionam nossas emoções*[50].
> (Daniel Goleman)

A conexão

O cérebro social, termo derivado da neurociência social, tem por premissa a compreensão de que as relações sociais que mantemos, em nossos diferentes grupos, são mediadas por processos neurais específicos: circuitarias de neurônios distribuídas por todo o cérebro, com maior ou menor complexidade de ramificações, dependendo da tarefa a ser realizada. O cérebro social não seria uma parte do cérebro, ou uma rede específica deste, e sim um conjunto de redes distintas, mas que de maneira fluida se relacionam e sincronizam com outras redes e entre si[51].

Nossos atos sociais mobilizam estas redes, que se ativam conforme agimos e reagimos, trabalhando em conjunto em diferentes contextos emocionais. Ao longo de nosso dia entramos e saímos de diferentes contextos, chamando à ação essas redes e diversas outras, sociais e não sociais. No entanto, temos um modo de operação padrão em funcionamento, um de importância evolutiva tão significativa, que sua ativação é a operação padrão do cérebro. Essa operação padrão acontece por meio da circuitaria neural chamada rede de modo padrão, ou *default mode network*. Essa rede de funcionamento padrão tem sua

---

[50] GOLEMAN, D. *Inteligência social*: a ciência revolucionária das relações humanas. São Paulo: Objetiva, 2019. p. 42.
[51] GOLEMAN, 2019, p. 527.

operação mais acentuada todas as vezes em que não estamos executando tarefas atencionais em nosso ambiente externo. Assim, quando a atenção não está sendo exigida por uma tarefa, o padrão é que esse sistema fique mais ativo, e quando uma tarefa atencional se inicia, ela induz a rede padrão a operar em segundo plano[52]. É importante haver a compreensão de que nossas redes neurais não se ligam e desligam, como interruptores. O cérebro não desliga, mas algumas regiões específicas tornam-se mais ativas que outras, durante o exercício de tarefas também específicas.

Essa rede para a qual nosso funcionamento se direciona, automaticamente, tem sido associada aos pensamentos autorreferenciais — os pensamentos sobre o "eu", que formam nossa autoimagem e autoconceito. Nessa situação, nosso cérebro permanece em estado de repouso atento, que pode incluir devaneios, memórias, experiências, sentimentos, metas e a adoção de perspectivas[53]. Esses pensamentos têm uma grande influência na maneira com a qual nos relacionamos com nosso mundo externo, os ambientes nos quais interagimos e nossa relação com os outros.

Essa influência ocorre devido ao papel que a rede de modo padrão desempenha junto a nossos processos mentais de percepção e interpretação do mundo social, ou seja, junto à nossa cognição social: existe sobreposição das regiões envolvidas em ambos os processos. A adoção de perspectivas está diretamente relacionada com a maneira como percebemos a nós mesmos em relação aos outros e a como interpretamos as informações transmitidas pelo mundo externo: tentamos prever quais são as emoções e as intenções que motivam as outras pessoas. Desta forma, ao entrarmos em modo funcionamento padrão, estamos automaticamente direcionando nosso interesse às nossas próprias autorreferências e suas relações com o mundo social

---

[52] LIEBERMAN, M. D. *Social*: why our brains are wired to connect. New York: Crown, 2013. Versão digital. p. 15.
[53] YESHURUN, Y.; NGUYEN, M.; HASSON, U. The default mode network: where the idiosyncratic self meets the shared social world. *Nature reviews. Neuroscience*, [s. l.], v. 22, p. 181–192, mar. 2021. Disponível em: https://doi.org/10.1038/s41583-020-00420-w. Acesso em: 29 jul. 2023.

no qual existimos. A rede de modo padrão do cérebro automatiza nossa capacidade de adotar perspectivas, direcionando-nos a refletir sobre a percepção e os pensamentos de outras pessoas. Nesse contexto, as perspectivas que temos sobre nós mesmos podem interagir com as perspectivas que assumimos sobre os outros, permitindo a criação de um código neural compartilhado, voltado a estabelecer "significados compartilhados, ferramentas de comunicação compartilhadas, narrativas compartilhadas e, principalmente, comunidades e redes sociais compartilhadas"[54].

A ideia de que a evolução de nossos cérebros ocorreu de modo a privilegiar uma cognição social complexa é base da teoria do cérebro social. No "tempo livre", nossos cérebros voltam-se à investigação de nossas percepções autorreflexivas e sua correlação com as percepções e inferências sobre o meio externo, nos diversos ambientes e grupos nos quais estamos inseridos cotidianamente. A aposta evolutiva é a do desenvolvimento de nossa inteligência social, como via principal ao sucesso de nossa espécie[55].

Seja de modo consciente ou inconsciente, o processamento de informações sociais como modo padrão funcionaria como um efeito *priming*, que nos prepararia para a vida social. O efeito *priming* é um fenômeno no qual a exposição prévia a um estímulo prepara cognitivamente o indivíduo para responder de maneira mais eficiente a uma tarefa subsequente. Nossa cognição e nossos comportamentos poderiam, então, ser moldados por estímulos prévios, direcionando nossas reações comportamentais para um alinhamento mais coerente às demandas sociais e culturais inerentes aos estímulos apresentados e assimilados[56]. A percepção e inferência sobre os outros funcionariam como um facilitador para a conexão e cooperação entre indivíduos na sociedade, operando em

---

[54] YESHURUN; NGUYEN; HASSON, 2021, p. 190, tradução nossa.
[55] GOLEMAN, 2019, p. 171.
[56] KNYAZEV, G. G.; MERKULOVA, E. A.; SAVOSTYANOV, A. N.; BOCHAROV, A. V.; SAPRIGYN, A. E. Effect of Cultural Priming on Social Behavior and EEG Correlates of Self-Processing. *Frontiers in behavioral neuroscience*, [s. l.], v. 12, out. 2018. Disponível em: https://doi.org/10.3389/fnbeh.2018.00236. Acesso em: 29 jul. 2023.

diferentes níveis de complexidade, que garantiriam desde pequenas interações sociais, como saudações matinais e conversas durante uma pausa para o café, até as grandes cooperações coordenadas entre grupos, como um projeto que envolva múltiplas equipes ou uma coordenação estratégica.

A conexão social é reconhecida como uma necessidade intrínseca do ser humano, evidenciando como nosso bem-estar recebe interferência e é afetado pela qualidade de nossos relacionamentos. Esse conceito se alinha com a conhecida Hierarquia das Necessidades Humanas, de Abraham Maslow, que propõe uma série de prioridades que seriam requisitos para a plena realização do potencial humano[57]. Este modelo, em forma de pirâmide, lista as prioridades da base para o topo, dispostas em forma de categorias ou níveis, em que as necessidades mais básicas, na base da pirâmide, devem ser satisfeitas para que seja possível passar à categoria seguinte, até que se chegue às categorias mais altas, no topo da pirâmide. Originariamente, a escalada da plena realização do potencial humano era composta de cinco categorias: necessidades fisiológicas, necessidades de segurança, necessidades sociais, necessidades de estima e autorrealização. Posteriormente, o modelo foi ampliado, com o acréscimo de categorias como as necessidades cognitivas, estéticas[58] e a transcendência[59] — experiências que superam os limites do ego, como a devoção a um ideal ou causa ou, ainda, ajudar os outros a atingirem a autorrealização (Fig. 2.1).

---

[57] MASLOW, A. H. A theory of human motivation. Psychological Review, [s. l.], v. 50, p. 370–396, 1943. Disponível em: https://doi.org/10.1037/h0054346. Acesso em 29 jul. 2023.

[58] MASLOW, A. H. *Motivation and personality*: unlocking your inner drive and understanding human behavior. [S. l.]: Prabhat Prakashan, 2019. Versão digital.

[59] KOLTKO-RIVERA, M. E. Rediscovering the Later Version of Maslow's Hierarchy of Needs: Self-Transcendence and Opportunities for Theory, Research, and Unification. *Review of General Psychology*, [s. l.], v. 10, p. 302-317, dez. 2006. Disponível em: https://doi.org/10.1037/1089-2680.10.4.302. Acesso em: 29 jul. 2023.

Figura 2.1 – Hierarquia das Necessidades Humanas (versão estendida)

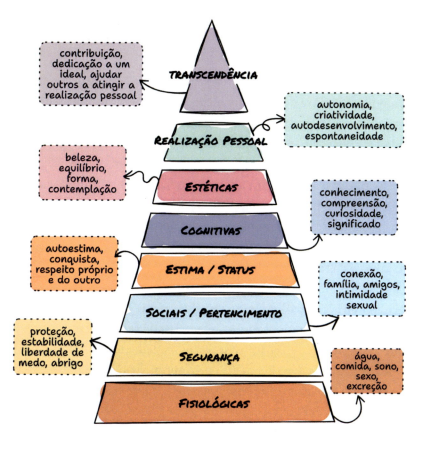

Fonte: adaptado de Maslow[60, 61] e Kolkto-Rivera[62]

Percebe-se a importância da conexão social pelo posicionamento hierárquico na pirâmide. Após satisfazer necessidades básicas de sobrevivência, como alimentação, água e segurança, o próximo passo para o desenvolvimento humano é a formação das relações sociais, que satisfariam nossa necessidade inerente de pertencer e estabelecer relações interpessoais. A conexão social não seria apenas um aspecto

---

[60] MASLOW, 1943.
[61] MASLOW, 2019.
[62] KOLTKO-RIVERA, 2006.

desejável em nossa existência, mas essencial para nosso desenvolvimento e bem-estar. O benefício dessas conexões sociais vai além do aspecto pessoal e dos vínculos de amizade, familiares ou românticos, também existem benefícios no convívio em grupo.

A vida em grupo tem servido como proteção contra predadores e como facilitadora da sobrevivência desde tempos remotos, e nossos cérebros evoluíram com a compreensão desses benefícios. Cada grupo pode ser composto de diversos subgrupos, que carregarão consigo as próprias características de conexão, fazendo com que as dinâmicas sociais internas fortaleçam alianças que fazem sentido para a realidade percebida por cada grupo social. As dinâmicas sociais permitem a assimilação e o processamento de um volume de informação muito além da capacidade individual, pois cada membro é um componente em uma vasta rede de conhecimento, contribuindo com suas próprias experiências, percepções e habilidades. Essas coalizões bem-sucedidas permitem o compartilhamento de informações e aceleram o processo de aprendizagem, pois o conhecimento pode ser transmitido e construído coletivamente. Grupos funcionais avançam e adaptam-se mais rapidamente do que seria possível pelo aprendizado individual isolado. Deste modo, em grupo, limitamos custos cognitivos e potencializamos o aprendizado em larga escala.

A teoria da mente

A teoria da mente é um conceito da psicologia social que se refere a nossa habilidade de inferir sobre os estados mentais dos outros, compreendendo e interpretando seus pensamentos, sentimentos ou motivações. É um processo cognitivo que nos permite inferir sobre ações e reações comportamentais. Por meio dela, não apenas somos capazes de responder às necessidades emocionais dos outros, mas também refinamos nossa própria regulação emocional, facilitando a criação de vínculos sociais saudáveis[63].

---

[63] HO, M. K.; SAXE, R.; CUSHMAN, F. Planning with Theory of Mind. *Trends Cogn Sci.*, [s. l.], v. 26, p. 959-971, 2022. Disponível em: https://pubmed.ncbi.nlm.nih.gov/36089494/. Acesso em: 29 jul. 2023.

A vida social pressupõe a necessidade de entender as motivações e as ações das outras pessoas e grupos, pois sem essa compreensão das diferentes interpretações sociais diminuímos as probabilidades de cooperação, o que reduz também desempenho, sobrevivência e bem-estar. A teoria da mente é uma maneira de aumentar nossa compreensão sobre o outro, para discernir, antecipar e contextualizar suas ações, bem como perceber suas dificuldades, viabilizando a construção de sentimentos empáticos.

São várias as estratégias cerebrais envolvidas na compreensão das pistas sociais, desde as percepções automáticas que nos auxiliam na tarefa de compreender um sorriso, uma dor ou um constrangimento, como o espelhamento, até processos complexos que mobilizam múltiplas áreas do cérebro, como as ações empáticas. O espelhamento atua como ponto de partida para a teoria da mente, fornecendo um reconhecimento automático das emoções, ao nível fundamental, poupando tempo e recursos cognitivos. Ao poupar esse recurso, facilitamos a tarefa de decifrar os estados mentais ocultos que deram origem a tal comportamento, no qual acrescentamos múltiplas camadas de significado[64]. Basta um olhar para reconhecermos que uma pessoa está experimentando uma dor, reconhecemos sua expressão e comportamento, entretanto, precisamos dessas diversas camadas de significados para compreender o contexto que originou essa dor e motivar nossa cooperação.

Em nosso contato com o mundo social, fazemos diversas inferências sobre as pistas visuais que recebemos e usamos essas suposições para dar sentido pessoal àquilo que nos rodeia. Essas inferências, que ocorrem de modo autorreferencial, farão uma miscelânea dos conhecimentos adquiridos em nossas diferentes vivências sociais, que não necessariamente serão as vivências de outras pessoas ou outros grupos, o que nos leva a uma margem de erro. Achar que sabemos qual é a emoção, valência, sentimento e motivação do outro não significa, de fato, sabê-lo. Os repertórios existenciais são vastos, e cada repertório pessoal influenciará a maneira como se compreende o mundo.

---

[64] LIEBERMAN, 2013, p. 150.

Desta forma, como resultado de nosso modo de funcionamento padrão, inferimos e buscamos por significados e interpretações para justificar nossas ações e as daqueles a nosso redor, oscilando entre a leitura rápida das intenções dos outros e a atribuição de um significado mais profundo para essas intenções. Viver em um mundo repleto de questionamentos exige uma série de estratégias, conscientes e inconscientes. A teoria da mente requer uma parcela considerável de investimento cognitivo, entretanto, devido à sua complexidade, não conseguimos nos manter o tempo todo engajados nesses esforços. Precisamos de estratégias que maximizem nossa eficiência, economizem tempo e automatizem nossas tarefas recorrentes, para que possamos voltar nossa atenção a outras perguntas e inferir sobre novas respostas. Essas estratégias são consideradas atalhos mentais, conhecidas por heurísticas. As heurísticas são úteis na facilitação de nosso processo de tomada de decisão e ação, automatizando escolhas e diminuindo a sobrecarga das múltiplas decisões que precisamos tomar em nosso cotidiano. Elas reduzem o desgaste das tarefas de avaliação, no entanto, por se formarem a partir de preceitos sociais e culturais previamente estabelecidos, que absorvemos no decorrer de nossas vidas, sem questionamentos, seu uso pode nos levar a julgamentos superficiais e errôneos sobre pessoas, ambientes e situações.

Os vieses inconscientes são erros sistemáticos que afetam as decisões e os julgamentos que fazemos. Os vieses muitas vezes resultam do uso das heurísticas, mas também podem ser influenciados por fatores como emoções, expectativas sociais e experiências passadas[65]. Os vieses têm sido objeto de treinamentos organizacionais, visando, principalmente, à melhoria na qualidade da tomada de decisão, fazendo com que estas sejam mais justas, eficazes e eficientes. Faz muito sentido se considerarmos a grande quantidade de componentes socioeconômico-culturais que formam crenças e valores de cada um de nós. Como julgar, de maneira justa e imparcial, quando temos os traços de nossos valores e crenças impregnados em tudo o que pensamos? É

---

[65] KAHNEMAN, D. *Rápido e devagar*: duas formas de pensar. São Paulo: Editora Objetiva, 2012. Versão digital. n.p.

necessário considerar as ambiguidades e a complexidade das situações, as diversas perspectivas possíveis, respeitando as vozes daqueles que possuem experiências diretamente relevantes à situação em questão — princípio implícito na expressão "lugar de fala"[66]. A busca não é por um consenso que desconsidere necessidades específicas, mas por uma solução que traga equidade, considerando necessidades e realidades divergentes.

Logo, pode ser bastante problemático quando grupos tomam decisões inferindo sobre as necessidades de outros grupos, principalmente os vulneráveis, sem ouvi-los. "Nada sobre nós sem nós"[67] é um lema ainda atual, apesar de seu surgimento datar de décadas atrás. O conceito se popularizou com a Convenção das Nações Unidas sobre os Direitos das Pessoas com Deficiência, em 2007, e, durante os últimos anos, tem sido utilizado em defesa de outros grupos vulneráveis. "Nada sobre nós sem nós" expressa a necessidade de envolver as pessoas que são mais diretamente afetadas pelas decisões na tomada dessas decisões. Em tempos marcados pelas discussões sobre minorias e diversidade e pela urgente necessidade de visibilidade desses grupos na sociedade, o lema é atual, pois ressalta a importância de reconhecer experiências e perspectivas únicas das pessoas afetadas, abrindo oportunidades para que soluções realmente inclusivas sejam apresentadas. É um chamado à valorização da diversidade de experiências e identidades.

Iludimo-nos em diferentes esferas de nossas relações sociais, fundamentando-nos em nossos vieses, desde nossas interações pessoais até nossas escolhas de consumo. No viés de confirmação, por exemplo, tendemos a favorecer informações que confirmem nossas crenças pré-existentes. Em uma situação de recrutamento podemos, sem perceber, favorecer candidatos que compartilhem de nossas próprias opiniões, ignorando, talvez, outros candidatos igualmente qualificados, mas com pontos de vista diferentes. Já na vida pessoal, muitas vezes nos pegamos avaliando pessoas com base em uma única característica positiva ou

---

[66] RIBEIRO, D. *Lugar de fala*. São Paulo: Sueli Carneiro: Pólen, 2019. p. 59.
[67] CHARLTON, J. I. *Nothing about us without us*: disability oppression and empowerment. Berkeley: University of California Press, 1998. Versão digital.

negativa, viés conhecido como efeito halo. Podemos achar que alguém que é atraente é também inteligente e amigável, ou dispensar melhor tratamento às pessoas bem vestidas, por acreditar que a chance de concretizar uma venda será maior.

Em nossas escolhas cotidianas de consumo somos capturados pelo viés de ancoragem. Quando buscamos um produto, o primeiro preço que vemos se torna nossa referência de valor, transformando em um grande negócio qualquer preço abaixo disso, ainda que o preço esteja acima do valor de mercado do produto. Questionar nossas suposições deve ser um exercício diário para ampliar nossas perspectivas e melhorar a tomada de decisão, com informação validada e capacidade de discernimento (Fig. 2.2).

Figura 2.2 – Diferentes perspectivas

Fonte: adaptado de Ilusão[68]

É importante reconhecer que a teoria da mente é uma parte fundamental de nossa evolução, que tem nos conduzido ao comportamento adaptativo e proporcionado os benefícios da vida em sociedade.

---

[68] ILUSÃO de ótica: tem 3 ou 4? *Gartic*, [s. l.], 24 ago. 2013. Disponível em: https://gartic.com.br/imgs/mural/il/ilusoesdeotica/ilusao-de-otica-3-tem-3-ou-4.png. Acesso em: 29 jul. 2023.

Entretanto, precisamos estar atentos e dispostos a reconhecer quando nossas suposições podem estar erradas, contaminadas por nossos vieses. A teoria da mente é praticada sobre uma parte de nosso repertório social, que se complementa com muitas outras, como a escuta ativa, a empatia e o reconhecimento de que temos, sim, vieses que nos levam ao erro. Nesse momento é que precisamos nos dispor a ouvir, aprender e reformular nossas crenças preconceituosas e enviesadas. Desta forma, nossa tentativa durante a prática da teoria da mente é de criar hipóteses sobre as possíveis construções de mundo de determinado grupo, ou pessoa, e com ela construir mais uma camada de conhecimento ao nosso próprio repertório, ajustando, modificando e aparando as arestas que já não cabem mais na compreensão de mundo atual.

A adaptação

A adaptação refere-se à maneira como nos ajustamos aos diferentes grupos sociais, incorporando valores, ações e comportamentos específicos e, nesse processo, nos tornamos parte da cultura e da norma do grupo. Pode ser um importante motivador para a conformidade social, seja por pertencimento, resolução de crises ou por considerar o grupo como uma fonte confiável de informação. A adaptação promove maior capacidade de tolerância às diferenças e resiliência frente às adversidades sociais, contribuindo para o bem-estar individual e coletivo[69].

Mas, se cada um de nós tem um repertório social diferente e cada grupo compartilha de repertórios em comum entre seus membros, como poderíamos discernir quais comportamentos seguir, quando e em que medida, a fim de atingir a melhor adaptação social possível dentro dos vários grupos a que pertencemos? A vida em sociedade suprime determinados comportamentos, conforme os limites estabelecidos por diversas normas sociais. As divergências socioculturais entre os diversos grupos conduzem a variações significativas em seus sistemas morais. Assim, as diferenças socioculturais impactam, desde

---
[69] LIEBERMAN, 2013, p. 150.

muito cedo, as percepções de mundo e a construção de sentidos de moralidade, estimulando o reforço de aprendizado pela vergonha — o que os outros vão pensar de mim — e pela culpa — o que eu penso sobre mim mesmo[70].

O modo como somos vistos costuma exercer uma forte pressão sobre os nossos comportamentos, e não apenas as opiniões das pessoas conhecidas importam, valorizamos também, e na mesma intensidade, a opinião de estranhos[71]. Nosso cérebro cria expectativas, fundamentadas em nossa percepção social, sobre o que nos proporcionaria a avaliação positiva de terceiros. Na avaliação social positiva recebemos informações sobre nossas ações, comportamentos ou desempenhos percebidos como apropriados e bem-sucedidos dentro de determinado contexto social. Essas informações podem ser expressas de diferentes maneiras, dependendo do contexto e do grupo no qual a ação está acontecendo e, como resultado, desencadeiam novos sentimentos e comportamentos. Por exemplo, no contexto familiar, a avaliação social positiva contribui para a autoestima e a competência social em crianças e para a construção de um ambiente familiar harmonioso para adultos. Entre amigos, cria o senso de pertencimento e aceitação, que gera estreitamento de laços afetivos e confiança. Mesmo nas redes sociais, com a opinião de estranhos, via curtidas, comentários e compartilhamentos, a avaliação social positiva pode influenciar a autoestima, emoções e comportamentos dos usuários. No entanto, o oposto também é verdadeiro em todas as esferas, quando essa avaliação social é negativa, vemos nossas relações abaladas por nos sentirmos inadequados e desconexos do sentimento de pertencimento ao grupo, podendo originar sentimentos de rejeição, angústia, solidão, depressão e afastamento[72].

---

[70] SAPOLSKY, R. M. *Comporte-se*: a biologia humana em nosso melhor e pior. São Paulo: Companhia das Letras, 2021. Versão digital. p. 389.

[71] LIEBERMAN, 2013, p. 76.

[72] GROEP, I. H. van de; BOS, M. G. N.; JANSEN, L. M. C.; KOCEVSKA, D.; BEXKENS, A.; COHN, M.; van DOMBURGH, L.; POPMA, A.; CRONE, E. A. Resisting aggression in social contexts: The influence of life-course persistent antisocial behavior on behavioral and neural responses to social feedback. *NeuroImage. Clinical*, [s. l.], v. 34, p. 102973, fev. 2022. Disponível em: https://doi.org/10.1016/j.nicl.2022.102973. Acesso em: 29 jul. 2023.

A avaliação social positiva é um reforçador de grande importância nos comportamentos sociais, pois direciona ações e comportamentos futuros. Dentro dos ambientes organizacionais pode gerar benefícios significativos como aumento da motivação pelo reconhecimento de um trabalho bem-feito, fortalecimento de uma cultura de suporte e encorajamento, satisfação por se sentir valorizado e engajamento para o desenvolvimento profissional. Todos esses fatores têm um impacto direto na saúde mental e no bem-estar dos funcionários. A avaliação social positiva é redutora do estresse e uma confirmação de nossa adaptação bem-sucedida.

Na avaliação social negativa, por outro lado, recebemos uma resposta que indica que nossas ações, comportamentos e desempenhos não se alinham às expectativas ou normas estabelecidas em um determinado contexto social. Ela pode ser um alerta sobre o nível de nossa inadequação e também gerar seus próprios efeitos, como diminuição da moral, da motivação e da satisfação, que podem levar a estresse, ansiedade e até mesmo a sensação de medo com relação ao ambiente de trabalho[73]. Entregue de maneira inadequada, ou em excesso, pode ter consequências ainda mais graves: suas formas extremas, como o cancelamento social e o assédio moral, resultam em danos psicológicos significativos para quem o sofre. Entretanto, apesar de representarem uma experiência devastadora, muitas vezes têm sua importância minimizada, pois agressões emocionais tendem a ser compreendidas como mais leves por parcela da sociedade. Felizmente temos, como sociedade, evoluído na compreensão de que as agressões emocionais podem causar sequelas difíceis de serem revertidas.

Assim, os ambientes sociais moldam as opiniões sobre como a vida em sociedade deve ser estruturada e, muitas vezes, essas opiniões se enraízam a ponto de serem percebidas quase como verdades universais, refletindo a profunda conexão formada com o grupo

---

[73] PERINI, I.; KROLL, S.; MAYO, L. M.; HEILIG, M. Social Acts and Anticipation of Social Feedback. *Current topics in behavioral neurosciences*, [s. l.], v. 54, p. 393-416, 2022. Disponível em: https://doi.org/10.1007/7854_2021_274. Acesso em: 29 jul. 2023.

de referência. Esse processo pode levar à manifestação de vieses inconscientes que nos impedem de reconhecer que existem múltiplas realidades e que ter nascido aqui ou em outro continente poderia mudar radicalmente a maneira como nos comportamos e os valores morais que tanto defendemos. "Essa coisa que chamamos de 'eu' é muito menos privada e hermeticamente isolada do resto do mundo do que acreditamos"[74].

Ao contrário de inacessível, nosso "eu", assim como a maioria de nossas crenças, é fruto de uma série de valores comuns, compartilhados socialmente. Esses valores facilitam o sentido de pertencimento por meio da consonância com normas e princípios sociais dos grupos pelos quais optamos, ou aos quais necessitamos, nos associar. Adotamos crenças, muitas vezes ancestrais e raramente questionadas, como uma forma de estar em conformidade com as normas sociais e promover harmonia, mesmo que isso signifique inibir nossos diferentes quereres. Ao contrário de nossos impulsos, que são automáticos e frequentemente inconscientes, o controle sobre eles é um processo lento e deliberado, construído com a sobreposição das diferentes avaliações sociais que recebemos, exigindo um esforço cognitivo considerável, porém recompensador. Vencer esta batalha interna é o que confere, a cada um dos indivíduos, os benefícios sociais buscados por seus esforços de adaptação.

Para atingir um equilíbrio satisfatório entre ser autêntico e a necessidade de pertencer, precisamos recorrer a nosso senso de identidade. Esse processo envolve a conscientização sobre nossas crenças pessoais, o entendimento de nossos comportamentos automáticos e a regulação ativa desses comportamentos, como resposta aos contextos sociais que consideramos relevantes. É o exercício de nossa autorregulação social, diante das oportunidades de interação e suas possíveis consequências, que determina quão acessíveis, agradáveis ou colaborativos seremos percebidos perante os círculos sociais aos quais pertencemos, ou desejamos pertencer[75].

---

[74] LIEBERMAN, 2013, p. 198.
[75] LIEBERMAN, 2013, p. 240.

A recompensa

São diversos os fatores que nos levam a procurar a convivência em grupo. Somos seres sociais por natureza e, como tais, buscamos por sobrevivência, segurança, cooperação, socialização, conexão, aprendizagem, crescimento, valores compartilhados e reprodução. Compartilhamos de nossa natureza social com grupos que escolhemos por afinidade e também com aqueles que não escolhemos, mas que fazem parte de um pacote de outras buscas pessoais: arrume um emprego, ganhe uma equipe, tenha um parceiro romântico, leve um par de sogros. Nascemos em uma família que não escolhemos, frequentamos escolas onde não decidimos quem serão nossos colegas de classe e ingressamos em ambientes de trabalho onde a escolha de nossos colegas está além de nosso controle, assim como a cultura corporativa e a dinâmica social a ela subjacente. Tanto nas situações em que temos o poder da escolha, como amigos próximos e parceiros românticos, quanto nas situações em que estamos inseridos em grupos que não escolhemos, precisamos destacar nossas habilidades de navegar pelas diferentes dinâmicas sociais. Adaptar-se, comprometer-se e buscar o equilíbrio nas interações, mesmo quando difíceis, são parte daquilo que fazemos no decorrer de nossas vidas. Entretanto, o esforço investido na busca por equilíbrio nas relações sociais tem um objetivo, temos a expectativa do retorno. Dificilmente haverá empenho em relações complexas se não houver algum tipo de compensação, uma que faça valer o investimento pessoal. Buscamos a recompensa.

Desta forma, para pertencermos, moldamos nossos comportamentos de acordo com nossas expectativas de avaliação social positiva, pois os benefícios conquistados por esses comportamentos, sejam eles tangíveis ou não, são interpretados por nossos cérebros como recompensas. Existem diferentes tipos de recompensas, as consideradas reforçadores primários, como comida, água e as demais necessidades da base da pirâmide, são consideradas um fim em si mesmas: necessidades que o cérebro reconhece sem a exigência de aprendizado especial. Quando em privação desses elementos básicos, colocamos todos os nossos esforços em regulá-los, antes de voltar nossa atenção a qualquer outra tarefa. Os reforçadores secundários não fazem parte dos elementos considerados essenciais à nossa sobrevivência, pois não são um fim em si, entretanto, apresentam importância significativa na modulação de nosso comportamento, por meio de nossas interações com o mundo social[76]. Nossas necessidades sociais têm sido discutidas dentro desse contexto, com alguns pesquisadores considerando-as como recompensas de ordem primária, devido à comprovação do quanto o isolamento social pode ser prejudicial à saúde física e mental, indicando a conexão social como uma necessidade essencial para a sobrevivência. Contudo, existe uma diferença entre uma conexão social que gera a recompensa de acolhimento e do apoio emocional e aquela que traz consigo o sentimento de endividamento, uma relação de troca[77].

Recompensas como reconhecimento, promoção, status e sucesso na realização de projetos são reforçadores secundários, identificados na hierarquia das necessidades humanas como necessidades superiores. São necessidades sociais que se enquadram como motivadores, por se associarem a sentimentos de estima, realização e sucesso, essenciais à nossa satisfação e bem-estar psicológico. Consciente ou inconscientemente, trabalhamos para construir uma consideração social positiva, principalmente se acreditamos que essa ação trará os cuidados, a divisão de trabalho e a proteção que uma vida cotidiana, em grupo, pode oferecer. Em sociedade, aumentar nossa afabilidade aumenta nossas chances de colher benefícios[78]. E uma das formas de obter a consideração social positiva é a cooperação: pessoas cooperam quando existe a possibilidade de se beneficiarem do esforço cooperativo, o que não significa que a cooperação seja egoísta e se direcione apenas aos interesses próprios, mas a reciprocidade é esperada. As

---

[76] LIEBERMAN, 2013, p. 79.
[77] CACIOPPO, J. T.; CACIOPPO, S. Social relationships and health: the toxic effects of perceived social isolation. *Social and personality psychology compass*, [s. l.], v. 8, p. 58-72, 2014. Disponível em: https://doi.org/10.1111/spc3.12087. Acesso em 29 jul. 2023.
[78] LIEBERMAN, 2013, p. 80.

regras sociais aprendidas nos dizem que favores devem ser retribuídos, e quanto mais distante a relação entre as partes, mais sentimos a pressa de quitar a dívida.

A teoria de que cooperamos porque nosso cérebro social compreende que o grupo trará maiores vantagens competitivas na sobrevivência a longo prazo explica, de maneira simplificada, o conceito de nosso "gene egoísta"[79]: comportamentos altruístas podem ser uma maneira de os genes assegurarem a própria perpetuação. Priorizamos nossa sobrevivência, mas também somos solidários. Cooperamos e ajudamos pessoas porque gostamos de como nos sentimos com o bem-estar do outro, porque é bom para nós mesmos que os outros queiram cooperar conosco em reciprocidade, e também porque isso nos possibilita atingir nossas necessidades superiores, como a autorrealização e a transcendência. Entendemos que a cooperação e a reciprocidade podem ser essenciais para os sentimentos de bem-estar a longo prazo.

Isso resulta em um equilíbrio entre diferentes recompensas, uma via de mão dupla entre os benefícios que obtemos quando nos vemos como participantes ativos da ação cooperativa, contribuindo para o bem-estar dos outros, e os benefícios que recebemos como receptores passivos da cooperação, aceitando a ajuda, ou a retribuição de outra pessoa. Recebemos as recompensas em ambos os lados da via, e essas recompensas, em grande parte, não são quantificáveis ou materiais. E, ainda que a ação seja unilateral e a recíproca nunca chegue, podemos sentir-nos recompensados, seja em forma de melhora em nossa reputação social ou de satisfação intrínseca — a recompensa gerada pela cooperação em si, originada de nossos valores pessoais ou do bem-estar da comunidade[80].

Quando existe um desequilíbrio real nessa balança, no qual, apesar de nossa cooperação, não recebemos as recompensas esperadas, nem mesmo as consideradas de satisfação intrínseca, temos ativados

---

[79] DAWKINS, R. *O gene egoísta*. São Paulo: Companhia das letras, 2007.
[80] RILLING, J. K.; SANFEY, A. G. The neuroscience of social decision-making. *Annual review of psychology*, [s. l.], v. 62, p. 23-48, 2011. Disponível em: https://doi.org/10.1146/annurev.psych.121208.131647. Acesso em: 29 jul. 2023.

nosso alarme de justiça. Sentimo-nos injustiçados, e nosso sistema de recompensa cerebral pode ser afetado negativamente. Nosso sistema límbico — ou emocional — responde a essas emoções negativas, gerando sentimentos de descontentamento, frustração ou tristeza. Essa percepção de injustiça desencadeia a ativação de redes neurais relacionadas ao estresse e ao conflito, fazendo com que busquemos restaurar nosso equilíbrio por meio de nossa regulação emocional. Nesse processo, reavaliar a situação é fundamental — buscamos a compreensão do que aquela situação representa para nós, comparando experiências passadas e refletindo sobre expectativas futuras. Avaliamos as emoções que surgem nesse momento e atribuímos valor àquilo que percebemos como relevante. Atribuímos o valor intrínseco à experiência.

No ambiente organizacional, a percepção de justiça ou injustiça pode ter um impacto significativo na satisfação no trabalho, no comprometimento com a organização e na produtividade. Quando um colaborador avalia a situação e conclui que foi tratado injustamente, ele pode experimentar uma queda na motivação e, em casos mais graves, considerar o desligamento da organização. Experiências de desvalorização no ambiente profissional geram consequências significativas, como a alta taxa de rotatividade de pessoal ou o fenômeno conhecido por *quiet quitting*, que podemos traduzir por "desistência silenciosa", quando um colaborador permanece no cargo, mas reduz significativamente seu esforço, envolvimento e produtividade, devido à sua insatisfação. Muitas vezes não é o ganho material em si o responsável pela satisfação, mas a sensação de que as relações acontecem de maneira clara e justa. A percepção de justiça é fundamental para a manutenção do equilíbrio emocional e do bem-estar no ambiente organizacional (Fig. 2.3).

Figura 2.3 – Desequilíbrio entre esforço e recompensa

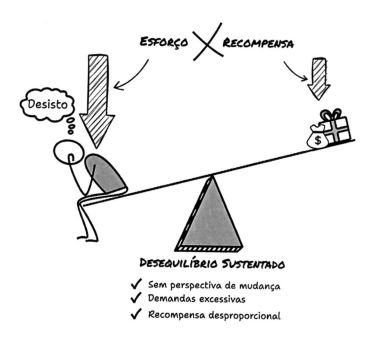

Fonte: adaptado de Siegrist[81]

O tema emerge trazendo uma diversidade de questionamentos, assim como a própria diversidade humana. O ambiente de trabalho, onde passamos grande parte de nosso dia, deve, da melhor forma possível, prover oportunidades e programas de suporte que visem à qualidade de vida integrada. O debate sobre a sustentabilidade de pessoas, ou seja, sobre como garantir que indivíduos possam ter uma vida de trabalho produtiva e satisfatória a longo prazo, vem ganhando cada vez mais importância. É fundamental disponibilizar programas de suporte, fomentar ambientes inclusivos e garantir locais de trabalho que cultivem a valorização do colaborador, gerem oportunidades autênticas de adaptação e recompensem as pessoas dignamente, completando o ciclo da resiliência organizacional.

---

[81] SIEGRIST, J. Effort-reward imbalance at work and health. *In*: PERREWÉ, P. L.; GANSTER, D. C. (ed.). *Historical and current perspectives on stress and health*, [s. l.], v. 2, p 261-291, 2002. Disponível em: https://doi.org/10.1016/S1479-3555(02)02007-3. Acesso em: 29 jul. 2023.

PARTE II

CÉREBRO E COMPORTAMENTO SOCIAL

3

COMPORTAMENTOS PRÓ E ANTISSOCIAIS

> *Acreditamos intuitivamente que a dor física e social são tipos de experiências radicalmente diferentes, mas a maneira como nosso cérebro as trata sugere que elas são mais semelhantes do que imaginamos*[82].
> (Matthew Lieberman)

Exclusão e dor social

A exclusão social caracteriza-se por eventos e situações que sinalizam a falta de conexão social com outras pessoas, como o ostracismo, a desvalorização e a rejeição social. Vimos, na hierarquia das necessidades fundamentais, no capítulo 2, a existência da necessidade de conexão social para ser possível a plena realização do potencial humano. Neste capítulo vamos nos dedicar a compreender o ciclo da exclusão social e seu impacto nos comportamentos pró e antissociais dos indivíduos.

A exclusão social fere uma necessidade fundamental do ser humano, a necessidade de pertencer. E essa ausência do sentido de pertencimento, gerada pela exclusão, tem potencial de ocorrência em diferentes ambientes: círculos pessoais e profissionais, presenciais ou mesmo virtuais. Há duas décadas estudos significativos já demonstram os impactos da exclusão social nas relações socioemocionais[83, 84, 85]

---

[82] LIEBERMAN, 2013, p. 5.
[83] EISENBERGER, N. I.; LIEBERMAN, M. D.; WILLIANS, K. D. Does rejection hurts? An fMRI study of social exclusion. *Science*, [s. l.], v. 302, p. 290-292, out. 2003. Disponível em: https://www.science.org/doi/abs/10.1126/science.1089134. Acesso em: 29 jul. 2023.
[84] EISENBERGER, N. I.; LIEBERMAN, M. D. Why rejection hurts: a common neural alarm system for physical and social pain. *Trends in cognitive sciences*, [s. l.], v. 8, n. 7, p. 294-300, jul. 2004. Disponível em: http://www.overcominghateportal.org/uploads/5/4/1/1/5/5415260/why_rejection_hurts_tics.pdf. Acesso em: 29 jul. 2023.
[85] EISENBERGER, N. I. Social pain and the brain: controversies, questions, and where to go from here. *Annual Review of Psychology*, [s. l.], v. 66, p. 601-629, 2015. Disponível em: https://www.annualreviews.org/doi/10.1146/annurev-psych-010213-115146?url_ver=Z39.88-2003&rfr_id=ori%3Arid%3Acrossref.org&rfr_dat=cr_pub++0pubmed. Acesso em: 29 jul. 2023.

e como a falta de acesso ao sentimento de pertencimento pode influenciar a saúde física e mental de diferentes maneiras.

Nossas percepções autorreflexivas, aliadas à adoção das diferentes perspectivas possíveis, nos guiam por caminhos que buscam a harmonia com nossos diferentes grupos, conforme o papel que desempenhamos dentro de cada um deles: com nossa família, amigos, estudos, religiosidades e também em nosso ambiente profissional. A maneira como conduzimos nossas conexões sociais está intrinsecamente conectada à maneira como percebemos o mundo e por ele somos influenciados. Quando a harmonia de alguma forma é quebrada, pode ocorrer a exclusão social e cada diferente contexto terá suas peculiaridades. Essa exclusão nem sempre será explícita, ela pode ser sutil, praticada de modo normalizado em nosso dia a dia, contra nós e por nós mesmos contra outros. Essa é uma tomada de perspectiva interessante: quantas vezes colocamo-nos como sujeitos ativos da exclusão social? Percebemos a ocorrência de desvalorização ou rejeição social quando somos nós os agentes destas ações? Ou estamos tão blindados pelas nossas próprias certezas que ignoramos a necessidade de compreender que, no contexto existencial do outro, ele percebe a exclusão que realizamos, enquanto nós mesmos não conseguimos notar?

A compreensão dos processos pelos quais a exclusão social opera — e os sentimentos de inadequação que ela causa — é o primeiro passo para podermos interromper esse processo. Entender a exclusão social como fenômeno emocional abre as portas do conhecimento sobre a dor enfrentada pelo outro, que pode ser nosso parente, amigo, vizinho, colega de trabalho. Ostracizar, desvalorizar ou rejeitar pessoas pode gerar sentimento de dor, a dor social. Essa dor, quando analisada, revelou respostas que impactaram, de modo definitivo, o que se conhecia sobre o tema até o momento.

Uma tarefa experimental denominada *Cyberball*, realizada pelos pesquisadores em neurociência social, Eisenberger e Lieberman[86], foi um dos primeiros estudos a abordar a exclusão social com o uso de

---

[86] EISENBERGER; LIEBERMAN; WILLIANS, 2003.

neuroimagem, mais especificamente, o uso da Ressonância Magnética Funcional (fMRI). O *Cyberball* consistia em um jogo virtual de arremesso de bola, com três participantes, em que apenas um deles era real e analisado pela fMRI, enquanto os demais eram controlados pelo computador, entretanto, o jogador analisado acreditava estar jogando com outras duas pessoas reais.

O jogo foi idealizado para escanear a ativação de regiões cerebrais durante o sentimento de exclusão social, bem como algumas valências atribuídas a esse sentimento. Durante o experimento, o jogador — pessoa real e analisada pela fMRI — jogava a bola com outros dois jogadores virtuais, controlados por computador, que apresentavam uma configuração para atuar de maneira pré-determinada na tarefa: em um dado momento, após algumas rodadas, paravam de jogar a bola para nosso jogador real, excluindo-o da interação social durante o jogo.

Nesse estudo foram analisadas ativações cerebrais e respostas neurais em dois tipos de exclusão social, a explícita e a implícita. Na exclusão explícita, os indivíduos analisados foram subitamente impedidos de continuar participando da atividade social ao não receberem mais a bola dos demais jogadores, sem quaisquer atenuantes interpretativos. A exclusão é realizada de modo óbvio e claro. Já na exclusão implícita, existiam atenuantes para a percepção da exclusão. Foi dito aos jogadores reais que, por dificuldades técnicas, a conexão entre sua máquina e a máquina dos demais jogadores ainda não estava funcional e que, a princípio, eles apenas assistiriam ao jogo (Fig. 3.1).

Figura 3.1 – Tarefa experimental *Cyberball*

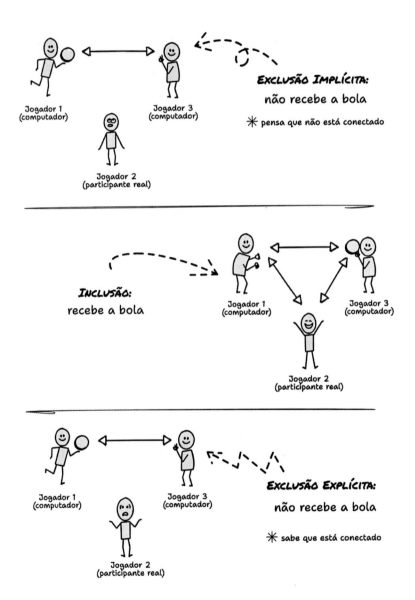

Fonte: adaptado de Eisenberger, Lieberman e Willians[87]

---

[87] EISENBERGER; LIEBERMAN; WILLIANS, 2003.

Os níveis de exclusão social percebida e de angústia social foram colhidos em questionários de autorrelato após o término da atividade, avaliando o quão excluídos se sentiram e qual seu nível de sofrimento social durante a tarefa. Os questionários de autorrelato são um modelo de instrumento de pesquisa, no qual os respondentes fornecem informações sobre si, sem a intervenção do observador externo[88]. As respostas podem ser coletadas por meio de escalas numéricas ou pictogramas, como os emojis. Alguns de seus modelos mais simples fazem parte de nosso cotidiano, como as pesquisas de satisfação.

Os resultados demonstraram que os participantes se sentiram ignorados e excluídos com maior intensidade durante a exclusão explícita, quando foram subitamente impedidos de interagir no jogo. Foi ativada uma região cerebral que integra o sistema límbico, também conhecido por sistema emocional, que está envolvido no processamento de nossas emoções. Essa região de maior ativação, o córtex cingulado anterior, foi associada ao sofrimento emocional da exclusão de modo congruente com estudos anteriores sobre a dor física, determinando, assim, uma correlação: a região cerebral ativada na experiência da exclusão social é a mesma que já fora ativada em experimentos anteriores sobre a dor física.

A dor é percebida de maneira similar por nosso sistema nervoso, seja ela física ou emocional, e esse não foi o único achado relevante, a exclusão explícita também ativou outras regiões cerebrais, como o córtex pré-frontal ventrolateral, em seu hemisfério direito. O córtex pré-frontal, que é parte do lobo frontal, envolve funções complexas, como as funções executivas — conjunto de habilidades cognitivas de planejamento, execução e monitoramento de tarefas e comportamentos complexos. Além disso, o córtex pré-frontal tem um papel significativo na regulação das emoções. Sua porção ventrolateral, especificamente, inclui a supressão e o controle de emoções intensas. Essa região também havia sido relacionada, anteriormente, à regulação do sofrimento intenso causado pela dor física.

---

[88] DEMETRIOU, C.; ÖZER, B.; ESSAU, C. Self-Report Questionnaires. *The Encyclopedia of Clinical Psychology*. [s. l.], jan. 2015. Disponível em: https://doi.org/10.1002/9781118625392.wbecp507. Acesso em: 29 jul. 2023.

A ativação dessa região não foi associada à atividade do córtex cingulado anterior ou à angústia relatada. Em outras palavras, esses resultados sugeriram de maneira imagética, por meio da ressonância magnética funcional, e pela primeira vez, o papel do córtex pré-frontal ventrolateral como mitigador dos efeitos angustiantes da dor causada pela exclusão social.

Assim, a elevação de atividade em parte específica do sistema emocional cerebral ocorre no sofrimento pela dor física e, também, ocorre no sofrimento após a exclusão social, bem como a atividade identificada em parte específica do córtex pré-frontal, associado à regulação do sofrimento pela dor física, foi relacionada à diminuição do sofrimento após a exclusão social. Os resultados sugerem que a dor social é análoga à dor física em sua função neurocognitiva, com parte da mesma circuitaria neural recrutada em ambas as experiências. Esse foi, sem dúvida, um passo muito significativo para a compreensão da exclusão e da inclusão social em nosso funcionamento físico e mental.

A partir de então, a metodologia utilizada no *Cyberball* foi replicada em um número surpreendente de estudos[89], inclusive com outras tecnologias. Entre estes, vale destacar um cujo objetivo foi investigar a atividade dessa mesma região do córtex pré-frontal durante a tarefa e verificar se esta apresentar-se-ia atenuada nos indivíduos que relataram menor nível socioeconômico infantil[90]. Os resultados demonstraram a atenuação da atividade no córtex pré-frontal ventrolateral, sugerindo que o baixo nível socioeconômico infantil dos indivíduos pode ter refletido em uma menor regulação do sofrimento em sua fase adulta, quando sob ameaça social e exclusão social. Esse estudo foi um dos primeiros a demonstrar que a desigualdade social pode afetar a forma

---

[89] HARTGERINK, C. H.; VAN BEEST, I.; WICHERTS, J. M.; WILLIAMS, K. D. The ordinal effects of ostracism: a meta-analysis of 120 Cyberball studies. *PloS one*, [s. l.], v. 10, e0127002, 2015. Disponível em: https://doi.org/10.1371/journal.pone.0127002. Acesso em: 29 jul. 2023.

[90] YANAGISAWA, K.; MASUI, K.; FURUTANI, K.; NOMURA, M.; YOSHIDA, H.; URA, M. Family socioeconomic status modulates the coping-related neural response of offspring. *Social Cognitive and Affective Neuroscience*, [s. l.], v. 8, p. 617-622, ago. 2013. Disponível em: https://doi.org/10.1093/scan/nss039. Acesso em: 29 jul. 2023.

com a qual as pessoas lidam com a dor. Uma descoberta significativa, considerando o elevado número de pessoas que se encontram em situação de desigualdade e, portanto, sofrendo os efeitos dessa dor em seu dia a dia.

Se pensarmos que, além da exclusão social causada pela condição socioeconômica, temos outras diversas formas de exclusão de pessoas e grupos vulnerabilizados na sociedade, podemos começar a traçar um panorama da dor social. Grupos sociais que frequentemente sofrem discriminação, com base em características como raça, gênero, orientação sexual, origem étnica, religião, idade, aparência, deficiências visíveis e invisíveis ou classe socioeconômica estão, constantemente, sendo colocados em situações de exclusão social, que, agora sabemos, ser análoga à dor física. As instituições, e nós mesmos, indivíduos, estamos infligindo dor às pessoas. Precisamos parar.

Comportamentos pró-sociais e antissociais

Os estudos anteriores abriram um leque de pesquisas na área, que levaram ao desenho dos processos pelos quais a dor social acontece e quais os possíveis desfechos comportamentais. Esses processos não se aplicam apenas a determinados grupos, eles ocorrem em todas as pessoas, em você e em mim, cada vez que algum de nossos comportamentos adaptativos não apresenta conformidade social. O mapeamento neurocientífico da exclusão social revelou como esses processos acontecem, de modo intrapessoal e interpessoal, em um movimento cíclico formado por diversas etapas, conforme ilustrado no quadro integrativo da Figura 3.2. Analisaremos agora cada uma dessas etapas.

Figura 3.2 – Processos intrapessoais e interpessoais da exclusão social

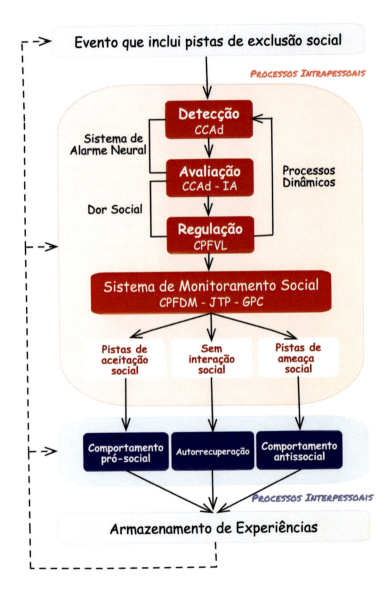

Fonte: adaptado de Kawakoto, Ura e Nittono[91]

---

[91] KAWAKOTO, T.; URA, M.; NITTONO, H. Intrapersonal and interpersonal processes of social exclusion. *Frontiers in Neuroscience*, [s. l.], v. 9, mar. 2015. Disponível em: https://www.frontiersin.org/articles/10.3389/fnins.2015.00062/full. Acesso em: 29 jul. 2023.

Quando recebemos uma pista social que indica exclusão, interpretamos a informação em dois processos complementares. No primeiro deles, o processo intrapessoal, acontecem as avaliações internas do indivíduo, enquanto no processo interpessoal estão envolvidas duas ou mais pessoas. Assim, quando um evento com pistas de exclusão acontece, sua primeira etapa é a detecção, que coincide com o início do processamento intrapessoal dessa informação. A detecção dessa pista é parte da fase de sistema de alarme neural, sistema que sinaliza as ameaças relacionais[92], podemos notar que nessa etapa ocorre a ativação do córtex cingulado anterior direito, identificado na figura pela sigla CCAd, mesma região cerebral citada na tarefa *Cyberball*.

O sistema de alarme neural apresenta duas etapas, a primeira delas é a detecção, responsável por monitorar discrepâncias, reconhecendo a ocorrência de desvios dos padrões desejados ou esperados. Esses desvios são os sinais potenciais de exclusão social, que podem incluir uma variedade de pistas, como expressões faciais, linguagem corporal, tom de voz ou mesmo o uso de palavras que sugerem rejeição. Nessa etapa, o cérebro detecta que algo não está funcionando como deveria. A segunda etapa é a avaliação, que envolve o já mencionado CCAd e acrescenta um novo componente cerebral, a ínsula anterior, que na figura está sinalizada pela sigla IA. A ínsula é reconhecidamente envolvida em funções como a empatia frente a situações dolorosas de terceiros, reconhecimento da própria fisionomia frente a um espelho, pela sensação de nojo e pela percepção de componentes subjetivos das emoções[93]. Quando a ínsula anterior é ativada, na etapa de avaliação do sistema de alarme neural, ela desempenha um papel na geração de respostas emocionais e físicas, como desconforto ou ansiedade, que serão utilizados na próxima etapa. A ativação da ínsula sinaliza um problema a ser abordado, por exemplo, um grupo entrar em silêncio quando você chega, o que pode caracterizar de maneira mais clara que você está sendo excluído. A fase da dor social surgiria como um produto dessa sondagem.

---

[92] EISENBERGER; LIEBERMAN, 2004, p. 297.
[93] MACHADO, A. B. M.; HAERTEL, L. M. *Neuroanatomia funcional*. 3. ed. São Paulo: Atheneu, 2014. p. 257

Eisenberger e Lieberman[94] exemplificam essa relação com a seguinte analogia: como em um incêndio, existiriam dois sistemas interligados, a detecção da fumaça e o disparar do alarme sonoro, o excesso de fumaça dispara o alarme, indicando a necessidade de ação. Desta forma, compreende-se que os processos não são concorrentes, e sim complementares e subjacentes ao funcionamento do sistema de alarme neural, ou seja, processos neurais sobrepostos na forma de um sistema de alarme neural comum. O alarme desencadearia uma mudança na percepção e atenção para lidar com a fonte da ameaça ou com suas consequências.

Não é raro encontrar menções à dor social com metáforas que levam à compreensão conotativa de experiências físicas: um coração partido, um nó na garganta, um aperto no peito ou mesmo uma pedra no sapato. Eisenberger e Lieberman definiram os dois tipos de dor: a dor física é uma experiência sensorial e emocional considerada desagradável e que se associa ao dano tecidual real ou potencial; a dor social é definida como uma experiência angustiante, decorrente da percepção de distância psicológica, real ou potencial de pessoas próximas ou de um grupo social.

Assim como o sistema de alarme neural, a fase de dor social também apresenta duas etapas dentro do processo intrapessoal[95]. A etapa de avaliação e a etapa de regulação, conforme demonstrado no quadro integrativo da Figura 3.2. A etapa de avaliação, como já vimos, é aquela que dispara o alarme e, após esse disparo, avalia-se a ação a ser tomada. A regulação é a etapa na qual se inicia a mitigação dessa dor, com ativação do córtex pré-frontal ventrolateral, identificado pela sigla CPFVL, assim como já mencionado na tarefa *Cyberball*. A etapa de regulação começa, então, a fazer sua parte na rede neural da exclusão social: promover uma resposta *top-down* em busca de identificar as possíveis valências desse estímulo. A resposta *top-down,* termo utilizado na neurociência para se referir aos processos cognitivos de alto nível que dão valência

---

[94] EISENBERGER; LIEBERMAN, 2004, p. 296.
[95] KAWAKOTO; URA; NITTONO, 2015.

aos processos viscerais, é uma reavaliação cognitiva da percepção de dor, que irá moderar o gerenciamento das possíveis respostas emocionais à exclusão.

Seja ela física ou social, a dor é causadora de aversão, despertando a esquiva e o afastamento e, por esse motivo, funciona em um sistema de processos dinâmicos, que capturam a atenção, interrompem comportamentos em curso e motivam as ações presentes e futuras no sentido de recuperar a segurança perdida e minimizar ou interromper a experiência dolorosa em trânsito. Esse sinal aversivo pode ser crítico para motivar as pessoas a evitar a dor física, a dor social ou outros tipos de estímulos que coloquem em risco a sobrevivência ou o bem-estar, mesmo na ausência de estímulo nociceptivo, ou seja, mesmo que não haja risco iminente de danos teciduais a nosso corpo.

A reavaliação e a necessidade de atribuição de valência emocional ativam o sistema de monitoramento social. Essa fase atua de modo a melhorar nossas respostas perceptivas e cognitivas frente às pistas e informações sociais, por exemplo, as expressões faciais e o volume vocal aos quais estamos expostos. O sistema de monitoramento social, portanto, funcionaria como um sistema adaptativo que, devido ao aumento da percepção do ambiente social, filtra as informações para levar o indivíduo a se comportar com maiores chances de sucesso. Esse filtro faz uso da teoria da mente, fase do ciclo de operação do cérebro social, visto no capítulo 2, que se caracteriza pela capacidade de dedicar maior atenção e percepção em resposta às pistas sociais recebidas. A teoria da mente é responsável pela maior propensão a pensar sobre os pensamentos e sentimentos dos outros, compreendendo que possa haver crenças, desejos e intenções que podem diferir das nossas[96]. As regiões cerebrais relacionadas à teoria da mente são o córtex pré-frontal dorsomedial (CPFDM), junção temporoparietal (JTP), e giro pré-central (GPC), regiões que se mostraram ativas no sistema de monitoramento social[97, 98].

---

[96] YANAGISAWA et al., 2013.
[97] KAWAKOTO; URA; NITTONO, 2015.
[98] ESLINGER, P. J. et al. The neuroscience of social feelings: mechanisms of adaptive social functioning. *Neuroscience & Biobehavioral Reviews*, [s. l.], v. 128, p. 592-620, set. 2021. Disponível em: https://www.sciencedirect.com/science/article/pii/S0149763421002384. Acesso em: 29 jul. 2023.

O córtex pré-frontal dorsomedial demonstra maior ativação quando estamos realizando inferências sobre os estados mentais dos outros e, quanto mais precisas parecem ser essas estimativas, maior é sua ativação. Essa região se relaciona com aspectos dos comportamentos sociais, tais quais os julgamentos interpessoais e os riscos imbuídos na tomada de perspectiva. Nessas situações, sua conexão também parece mais fortalecida com outras regiões da teoria da mente, como a junção temporoparietal. A JTP é a região onde os lobos temporal e parietal se encontram, e é parte de nosso sistema atencional, estando especialmente envolvida na mudança de foco atencional entre diferentes estímulos. Ela também é importante na distinção que fazemos entre nós e outros, o que torna mais eficaz a tomada de perspectiva, pois, para inferir corretamente emoções e sentimentos dos outros, é preciso inibir a própria opinião. A atenção seria, assim, realocada a fontes externas mais relevantes para a obtenção de nossos objetivos[99]. O giro pré-central é uma área motora primária do cérebro. Essa região se relaciona com a teoria da mente por ser associada aos neurônios-espelho que, como mencionado no capítulo 2, funcionariam como uma preparação, por estarem na base dessa percepção e aprendizagem, atuando como uma ativação subliminar dos processos da teoria da mente[100, 101].

O sistema de monitoramento social, portanto, nos leva a compreender as demandas socioambientais e fazer o ajuste comportamental, de acordo com a valência das pistas recebidas e filtradas, para que a adaptação possa ser considerada bem-sucedida. As pistas sociais percebidas pelo sistema de monitoramento podem indicar a ocorrência de aceitação social ou de ameaça social. Desta forma, além de alterar as respostas cognitivas do indivíduo, a exclusão social o impele a mudar seus comportamentos, na busca pela aceitação social ou para evitar mais exclusão.

---

[99] KANG, P.; LEE, J.; SUL, S.; KIM, H. Dorsomedial prefrontal cortex activity predicts the accuracy in estimating others' preferences. *Frontiers in human neuroscience*, [s. l.], v.7, 2013. Disponível em: https://www.researchgate.net/publication/259268922_Dorsomedial_prefrontal_cortex_activity_predicts_the_accuracy_in_estimating_others%27_preferences. Acesso em: 29 jul. 2023.
[100] KAWAKOTO; URA; NITTONO, 2015.
[101] LIEBERMAN, 2013, p. 15.

A partir desse momento, passamos do ciclo dos processos intrapessoais para o ciclo dos processos interpessoais. As pistas que remetem à aceitação social nos impulsionam aos comportamentos pró-sociais, já as pistas de ameaça social podem nos direcionar aos comportamentos antissociais. Entende-se por comportamentos pró-sociais aqueles que visam auxiliar na inclusão de um indivíduo, por outros indivíduos, como a vontade de se inserir em um grupo — demonstrar comportamentos de compatibilidade ao grupo escolhido —, a avaliação relacional positiva — demonstrar consideração de alto valor em sua relação com o grupo — e o mimetismo comportamental — imitação, intencional ou não do comportamento geral do grupo para indicar seu pertencimento. O comportamento antissocial geralmente refere-se a comportamentos não sociais — demonstrar desinteresse ou desconsideração — ou sociais agressivos — causam dano intencional, não necessariamente físicos, direcionados tanto ao indivíduo ou grupo excluidor quanto àqueles que transmitam sinais de ameaça social.

Além dos comportamentos de recuperação pessoal pró-sociais e antissociais, existe uma terceira via, que ocorre quando não existe a oportunidade de interação social. Nesse caso, a recuperação pessoal é realizada por meio de comportamentos que remetem a sentimentos reconfortantes, havendo flexibilização das representações mentais. Isso significa que para se recuperar do sentimento de exclusão social são evocadas as habilidades de autoestima, pertencimento, controle e existência significativa, por meio de estratégias indiretas de representação interna da conexão social. Essas estratégias podem incluir um deus, memórias familiares, comida reconfortante, compras, pessoas ou personagens significativas como exemplo de superação de obstáculos, entre outros estímulos, capazes de tornar o acesso às emoções positivas abundantes, aumentando os níveis de conforto e promovendo resiliência emocional[102].

As experiências resultantes dos processos interpessoais seriam, então, armazenadas, de modo a serem resgatadas e reaplicadas nas demais etapas do processo, quando do advento de novas situações

---

[102] KAWAKOTO; URA; NITTONO, 2015.

que apresentem pistas de exclusão social, trilhando um caminho de aprendizado e aperfeiçoamento frente às múltiplas possibilidades existentes nas interações humanas.

As dimensões intrapessoais e interpessoais da dor social são apenas o início da construção social que envolve as relações de exclusão e inclusão social. É preciso abordar também a complexidade dos comportamentos de grupo, pois os laços que nos unem a certos grupos sociais, assim como os que nos separam deles, têm implicações significativas na forma como vivenciamos e respondemos a essa dor, seja ela nossa ou do outro. Passaremos, assim, a compreender como a dor social funciona em contextos mais amplos, as dinâmicas das relações entre os diferentes grupos sociais.

4

VIESES, RUÍDOS E COMPORTAMENTOS COLETIVOS

Ao prestar atenção demais à localização das fronteiras, perde-se a noção do todo[103].
(Robert Sapolsky)

Vieses, Sistema 1 e Sistema 2

Emprega-se o termo viés inconsciente para preconceitos, estereótipos e pensamentos tendenciosos que, ainda que inconscientes, são inúmeros e enraizados por diversos fatores, levando a decisões e comportamentos prejudiciais em várias esferas da sociedade, inclusive a organizacional. Os vieses inconscientes têm apresentado papel de destaque em pesquisas, publicações e treinamentos, principalmente quando nos referimos às questões sobre a inclusão social e a sustentabilidade de pessoas.

Os vieses inconscientes seriam o produto de uma busca pela economia cognitiva e temporal. Ao realizarmos um julgamento de maneira rápida e automática, fundamentamo-nos em experiências passadas e pistas sociais que podem estar equivocadas, o que tornaria nossas decisões e julgamentos imprecisos, ou mesmo prejudiciais, principalmente quando enfrentamos situações complexas ou multifacetadas[104].

Kahneman, reconhecido especialista em economia comportamental e vencedor do Prêmio Nobel de Economia, atribui nossas respostas comportamentais a duas formas de pensar, uma rápida e outra lenta, chamadas pelo autor de Sistema 1 e Sistema 2. O Sistema

---
[103] SAPOLSKY, 2021, p. 12.
[104] KAHNEMAN, 2012, s/p.

1 é aquele que opera em "uma avaliação contínua dos principais problemas que um organismo deve resolver para sobreviver", "fora e dentro da mente"[105], estimando eventos como bons ou ruins e indicando se a melhor resposta será a aproximação ou a esquiva. Esse sistema funcionaria de modo emocional, automático e subconsciente, e por isso seria mais suscetível aos vieses inconscientes, já que se fundamenta em heurísticas e vias rápidas de associação. O Sistema 2, mais lento, encontra respostas por meio da atenção dirigida e da memória, podendo endossar crenças intuitivas geradas pelo Sistema 1 ou apresentar "uma aproximação mais sistemática" [106]da evidência. O Sistema 2 seria um contraponto, lento, lógico e consciente, usado quando nos predispomos a pensar de maneira deliberada sobre um assunto ou evento, para uma tomada de decisão não automática.

Apesar de o Sistema 2 ser aquele que buscamos utilizar quando da tomada de decisões importantes, não significa que deixemos de sofrer a influência do Sistema 1 por completo. Kahneman ressalta que o Sistema 1 poderia influenciar até as decisões mais cuidadosas, pois é automático e funciona em modo contínuo. Desta forma, cada pessoa "dispõe de sentimentos e opiniões intuitivos sobre quase tudo que surge em seu caminho"[107], muitas vezes fornecendo respostas fundamentadas em evidências que não se sabe explicar ou defender, podendo ser difíceis de serem desmontadas, mesmo pelo Sistema 2. O esforço deve ser consciente para atingir um pensamento crítico, aberto e recompensador, evitando equívocos e injustiças.

Comportamentos extra e intragrupo

Sapolsky, cientista, neurobiologista e autor, explica que independentemente de os comportamentos serem automáticos ou deliberados, repreensíveis, admiráveis ou mesmo ambíguos, aquilo que o precipitou

---
[105] KAHNEMAN, 2012, s/p.
[106] KAHNEMAN, 2012, s/p.
[107] KAHNEMAN, 2012, s/p.

é "território do sistema nervoso"[108]. Hormônios, evolução, experiências, genes e cultura são avaliados ininterruptamente pelo sistema nervoso, que converge diferentes bases informacionais em decisões, que dão origem aos comportamentos pró ou antissociais. Assim, agimos porque os potenciais de ação, neurotransmissores e circuitos neurais em regiões específicas de nosso cérebro nos impulsionaram nessa direção. O cérebro é o maestro de todo o nosso organismo, coordenando desde as funções vitais básicas até a complexidade de nossas emoções, pensamentos e comportamentos. É um sistema complexo de processamento de informações, as quais são rastreadas e categorizadas, para facilitar nossas decisões conscientes e inconscientes.

Mas, como vimos, a maneira como desenvolvemos essas categorizações pré-formatadas nem sempre será a melhor resposta, ela pode acontecer de modo enviesado, levando-nos ao erro. Um exemplo disso é o modo como o cérebro agrupa rostos por gênero, raça e outras características, e processa essas imagens de maneira distinta em questão de milissegundos. Estudos da neurobiologia do preconceito demonstram que uma exposição de 50 milissegundos a um rosto desconhecido de outra raça é suficiente para a ativação da amígdala. De modo similar, o cérebro agrupa rostos por gênero ou status social, e em velocidade equivalente, são 150 milissegundos para processar o gênero e 40 milissegundos para processar características de status social. No circuito neural da amígdala, uma ameaça considerada aprendida pode ir de sua sessão inicial — retina para nossa visão ou a cóclea para nossa audição — até a amígdala em uma única sinapse, permitindo uma resposta defensiva em aproximadamente 100 milissegundos[109, 110].

O complexo amigdaloide, ou amígdala cerebral, é uma estrutura do sistema límbico — ou sistema emocional. É composta de um conjunto de núcleos que possuem papel fundamental na regulação

---

[108] SAPOLSKY, 2021, p. 23.
[109] AMODIO, D. M.; CIKARA, M. The Social Neuroscience of Prejudice. *Annual Review of Psychology*, [s. l.], v. 72, p. 439–469, 2021. Disponível em: https://www.annualreviews.org/doi/10.1146/annurev-psych-010419-050928. Acesso em: 29 jul. 2023. p. 447.
[110] SAPOLSKY, 2021, p. 552.

das emoções, especialmente as relacionadas ao medo, à agressão e à autopreservação. Na amígdala, as informações recebidas desencadeiam reações emocionais, pois esta tem papel de destaque na formação e armazenamento de memórias emocionais, o que nos colocaria em estado de proteção — luta ou fuga — frente às situações percebidas como ameaçadoras.

Assim, em outras palavras, de modo enviesado — leia-se preconceituoso — 50 milissegundos de exposição a um rosto de raça diferente pode ser suficiente para termos nossa amígdala ativada. Para entendermos de maneira mais intuitiva, pensemos no piscar de olhos: um único piscar de olhos humano leva um tempo que varia entre 100 e 150 milissegundos[111]. O que nos mostra que podemos levar até três vezes mais tempo para piscar do que para ativar nossa amígdala, quando frente a um rosto de outra raça.

Normalmente, ao ouvir falar sobre vieses cognitivos, ou vieses inconscientes, não nos damos conta de que sua ocorrência pode significar um preconceito tão grande, como esse exemplificado acima. Nossos vieses preconceituosos são, de fato, responsáveis por boa parte da exclusão e sofrimento social que observamos em nossa sociedade, muitas vezes favorecendo a discriminação, a desigualdade e a exclusão, colaborando na dor social infligida aos outros.

Sapolsky também utiliza uma terminologia que facilita muito a compreensão sobre como pensamos, e nos comportamos, no que se refere aos grupos, seja nos grupos aos quais pertencemos, seja nos demais — a "demarcação NÓS/ELES"[112]. Neste capítulo passaremos a utilizar essa terminologia: o termo "Nós" será utilizado para se referir ao intragrupo, enquanto o termo "Eles" será utilizado para se referir ao extragrupo. Considera-se intragrupo o grupo ou grupos com os quais um indivíduo se identifica e tem relação de pertencimento. Membros do intragrupo apresentam a tendên-

---

[111] BURR, D. Vision: in the blink of na eye. *Current Biology*, [s. l.], v. 15, p. 554-556, jul. 2005. Disponível em: https://www.sciencedirect.com/science/article/pii/S0960982205007165. Acesso em: 29 jul. 2023.
[112] SAPOLSKY, 2021, p. 552.

cia de enxergar a si e aos companheiros de modo mais favorável, valorizando seus pontos em comum. Considera-se extragrupo o grupo ou grupos aos quais o indivíduo não pertence. Os membros do extragrupo são tidos como diferentes e existe uma tendência a considerar essas diferenças com maior empenho, desvalorizando ou desconfiando desses indivíduos.

A dicotomia — conceito que se refere a uma divisão em partes contrastantes, neste caso grupos — se apresenta de modo bastante significativo quando pensamos em "Nós" versus "Eles". Por exemplo, ao induzir voluntários a pensarem em uma vítima de violência como sendo um de "Nós", e não um "Deles", aumentaríamos a probabilidade de estes voluntários intervirem na situação. Essa obrigação de aliança para com membros intragrupo é ainda mais evidenciada quando é necessário reparar transgressões feitas por "Eles" contra um de "Nós", pois demonstramos comportamentos pró-sociais para o grupo "Nós", mas esse mesmo reparo acontece de modo antissocial para "Eles". Em resumo, por vezes "Nós" somos favorecidos pela nossa ajuda direta, e outras vezes somos favorecidos pelo ataque a "Eles". O autor levanta a questão: o objetivo é que seu grupo se saia bem, ou só que se saia melhor do que "Eles"?[113].

Ao considerarmos algumas situações cotidianas essa dicotomia fica bastante evidente. Nos esportes, as torcidas criam forte identificação com sua equipe, podendo até mesmo ser agressivas com a equipe considerada rival, como nas torcidas organizadas. Na política, essa dicotomia também é clara, grupos pró determinado partido político se posicionam de maneira muito desfavorável, ou mesmo agressiva, contra o partido de oposição. O mesmo se repete nas questões de nacionalidade, cultura, religião e outros grupos sociais.

Se pensarmos em nosso ambiente profissional cotidiano, facilmente virá à mente alguma situação em que diferentes departamentos ou equipes demonstraram maior disposição em cooperar com aqueles

---

[113] SAPOLSKY, 2021, p. 551-603.

de seu grupo, enquanto atribuem a culpa de algo errado ao outro grupo, apresentando comportamentos antissociais ou de esquiva e afastamento frente à necessidade de ajudar grupos terceiros. Nas organizações isso também é comum quando falamos em contratações, times de diferentes localizações geográficas ou fusões.

Além do senso de ameaça, "Eles" podem também evocar nossa aversão. Vimos, no capítulo 3, que a ínsula está relacionada à sensação de nojo. O córtex insular, responsável pela aversão gustativa e olfativa, na maioria dos animais, é também responsável pela aversão moral e estética nos seres humanos. Sentir repulsa por crenças de extra-grupos, ou seja, sentir repulsa por "Eles", não é a função principal da ínsula, mas, devido a essa dicotomia, podemos acreditar que se "Eles" comem coisas repulsivas ou apresentam comportamentos repulsivos, "Eles" também devem apresentar ideias e crenças repulsivas, que nos causam aversão. "Imagens de dependentes de drogas ou de pessoas em situação de rua, em geral, ativam a ínsula e não a amígdala" [114]. O sentimento é de aversão e não de medo. Compreende-se, desta forma, que apesar da construção cognitiva de generalizar, prever e inferir, realizada sobre a relação Nós/Eles, ter sua importância nas construções de pertencimento, a essência desta demarcação é emocional e automática. Esse automatismo evidencia-se pela velocidade demonstrada pela amígdala e pela ínsula — a intervenção emocional precede a percepção consciente.

Esses eventos não se restringiriam a apenas um de nossos grupos, isoladamente, nem mesmo a um único grupo por vez. Pertencemos a múltiplos grupos, com os quais interagimos simultaneamente em nosso dia a dia, e não pertencemos a tantos outros. Assim, a dicotomia se aplica a nossos múltiplos grupos Nós/Eles, complicando um pouco mais nossa percepção de pertencimento, comportamento e afiliação. A tomada de perspectiva que temos quando inseridos em um grupo pode diferir da tomada de perspectiva necessária em outro grupo. Ainda que, separadamente, todos estejam em harmonia com

---

[114] SAPOLSKY, 2021, p. 567.

nossas construções cognitivas, eles podem ter pontos de divergência entre si, transformando rapidamente nossas prioridades. A categoria "Eles" também muda nessa mesma velocidade: pode ser composta de um estudante estrangeiro sofrendo xenofobia, mas também de um respeitado professor imigrante de um país admirado; de um funcionário de baixo nível socioeconômico, mas também de um executivo em cargo de alta liderança pertencente a um grupo étnico vulnerável; de um funcionário jovem em um ambiente com colegas mais velhos, mas também por um experiente veterano de minoria religiosa; de uma mulher em um setor majoritariamente masculino, mas também de um homem que é abertamente defensor da diversidade e inclusão. "Eles" podem ser muitas pessoas, em muitos contextos, evocando "sentimentos diversos, fundamentados em distinções na neurologia do medo e da aversão"[115].

Tendemos a simplificar nossa avaliação sobre os outros usando como parâmetro duas dimensões: afabilidade e competência, que juntas desempenham um impacto significativo na forma como construímos nossos julgamentos. A percepção de afabilidade nos diz se o outro é amigável, confiável e bem-intencionado. A percepção de competência nos indica o quanto o outro é capaz, eficaz, habilidoso e respeitável. Essas dimensões se entrelaçam, criando percepções complexas e, até mesmo, múltiplos sentimentos. Sapolsky acredita que essas dimensões são dispostas em dois eixos, que promovem uma matriz de quatro cantos[116], como podemos observar na Figura 4.1.

---

[115] SAPOLSKY, 2021, p. 584.
[116] SAPOLSKY, 2021, p. 585.

Figura 4.1 – Produtos da afabilidade *versus* competência

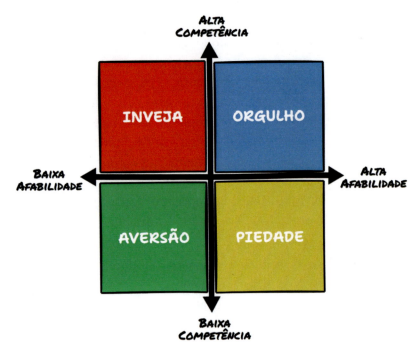

Fonte: adaptado do texto de Sapolsky[117].

O quadrante superior direito é formado pela alta afabilidade em conjunto com a alta competência, seu resultado é o orgulho. Essa é a combinação mais positiva o possível e, normalmente, é onde acreditamos que se encontra o grupo "Nós". Aqui as pessoas são percebidas como capazes, amigáveis e inspiradoras de sentimentos de admiração, que despertam o desejo de associação e aprendizado. No quadrante superior esquerdo, onde há baixa afabilidade e alta competência, o resultado é a inveja. As pessoas são admiradas por suas habilidades, entretanto, podem ser consideradas ameaçadoras ou intimidadoras. O quadrante inferior direito é formado por alta afabilidade, porém baixa competência, seu resultado é a piedade. As pessoas aqui são amigáveis, mas não particularmente percebidas

---

[117] SAPOLSKY, 2021, p. 585.

como capazes ou eficazes, inspirando condescendência — podemos ter apreço por elas, mas não são vistas como iguais. Por fim, no quadrante inferior esquerdo, temos baixa afabilidade e baixa competência, resultando em aversão. As pessoas aqui não são percebidas como amigáveis, tampouco admiráveis, nos remetendo a sentimentos de desprezo e afastamento.

Como classificaríamos um executivo, uma executiva, um criminoso, um pastor, um auxiliar de serviços gerais, uma pessoa com deficiência, um líder comunitário, uma pessoa de minoria étnica? E como seríamos classificados por todos esses diferentes "Eles"? Será que realmente somos tão admiráveis quanto "Nós" queremos acreditar? Talvez nossos vieses também prejudiquem a própria visão de nós mesmos.

Apesar de a matriz gerar uma forma simplificada de compreensão das respostas sociais que emitimos, e que são emitidas sobre nós, é importante entender que percepções reais têm nuances muito mais complexas, multidimensionais e dinâmicas do que as até aqui descritas. É possível o posicionamento em diferentes extremos, bem como aliando duas ou mais dessas respostas emocionais — um espectro emocional. Além disso, as percepções geradas também têm toda a incidência dos erros de julgamento. Nossas percepções nem sempre corresponderão à realidade.

Enviesado ou ruidoso?

Não são apenas os vieses que interferem em nossas decisões, existe outro responsável por causar erros no julgamento humano: o ruído. "Viés e ruído — desvio sistemático e dispersão aleatória — são componentes diferentes do erro"[118]. O julgamento seria uma "medição em que o instrumento é a mente humana"[119], e tem como finalidade a aproximação com a verdade e a diminuição do erro. Desta forma, para atingirem seus objetivos, os julgamentos devem diferir das questões

---

[118] KAHNEMAN, D.; SIBONY, O.; SUNSTEIN, C. R. *Ruído*: uma falha no julgamento humano. São Paulo: Editora Objetiva, 2021. Versão digital. p. 9.
[119] KAHNEMAN; SIBONY; SUNSTEIN, 2021, p. 55.

de opinião, evitando violar as expectativas de imparcialidade e consistência: os valores refletidos devem ser os valores dos processos em si, e não as inclinações pessoais dos indivíduos que o operam.

A diferença entre um julgamento enviesado e um ruidoso é que no primeiro acontece o erro sistemático do objetivo: as análises aproximam-se entre si, mas desviam do objetivo, conjuntamente; no segundo, além de afastarem-se do objetivo, as análises não apresentam um viés claro, as "pessoas que deveriam estar de acordo terminam em pontos muito diferentes ao redor do centro"[120]. Tanto o viés como o ruído são problemas enfrentados pelas organizações.

Figura 4.2 – Vieses e ruídos nos julgamentos

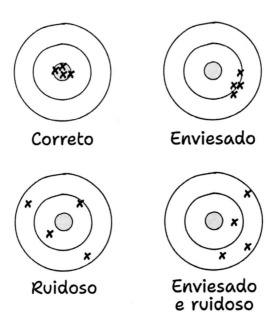

Fonte: adaptado de Bernoulli e Allen[121] e Kahneman[122].

---

[120] KAHNEMAN; SIBONY; SUNSTEIN, 2021, p. 81.
[121] BERNOULLI, D.; Allen, C. G. The most probable choice between several discrepant observations and the formation therefrom of the most likely induction. *Biometrika*, [s. l.], v. 48, p. 3-18, jun. 1961. Disponível em: https://doi.org/10.1093/biomet/48.1-2.3. Acesso em: 29 jul. 2023.
[122] KAHNEMAN; SIBONY; SUNSTEIN, 2021, p. 8.

A dicotomia "Nós" versus "Eles" é um agente significativo quando tratamos de influências indevidas em julgamentos que deveriam ser imparciais e justos. No ambiente organizacional, por exemplo, se gestores, ainda que inconscientemente, categorizam funcionários nessa dicotomia, utilizando fatores como origem étnica, gênero ou posição hierárquica, isso poderia acarretar uma maior crítica sobre o trabalho realizado por esses funcionários ou, ainda, uma menor propensão a oferecer oportunidades de desenvolvimento. Os vieses seriam os preconceitos pessoais de um gestor, que pode distorcer suas avaliações de modo consistente. O ruído seria a variabilidade aleatória e imprevisível, onde os gestores, mesmo tentando avaliar a mesma característica — a competência —, chegam a conclusões diferentes, levando a avaliações inconsistentes.

Vieses de grupo são fenômenos que descrevem a tendência dos indivíduos em favorecer aqueles que fazem parte de seu contexto intragrupo, o "Nós", em detrimento daqueles que são considerados pertencentes aos extragrupos, o "Eles". Esses vieses têm raízes evolutivas profundas e persistem, apesar dos esforços em diminuí-los, na busca por imparcialidade e justiça. O viés de grupo, assim como outras percepções, surge da forma como o cérebro se ajusta em resposta a tarefas específicas. Ao ser demandado por essas tarefas, diferentes partes do cérebro são ativadas em conjuntos de circuitarias neurais, que ora se sobrepõem e ora se complementam. Assim, redes neurais da teoria da mente, percepção-ação, percepção da face e empatia parecem ser afetadas por essa associação aos intragrupos e extragrupos. Essa modulação cerebral influencia e impacta o modo como os indivíduos interagem entre si.

Outras características importantes também impactam a modulação neural que leva a esses vieses de grupo, como as características ambientais e culturais nas quais estamos inseridos. Culturas que toleram ou incentivam preconceitos contra determinados indivíduos, ou grupos, podem interferir na capacidade de esses indivíduos exercerem o controle executivo — seu Sistema 2, sobre seus próprios preconceitos. As diferenças culturais existentes durante o desenvolvimento dos indivíduos poderiam, inclusive, influenciar correlatos neurais da percepção de pertencimento a grupos, no futuro. Tomemos como exemplo uma criança que cresce em uma família com fortes vieses e atitudes preconceituosas em relação a um determinado grupo, por ter se desenvolvido dentro desse ambiente cultural, poderá ter dificuldade em inibir essas atitudes preconceituosas implícitas na vida adulta[123].

É possível perceber que os vieses e ruídos estão em diversas camadas de nossas percepções e são significativos para o reconhecimento e inibição de grandes injustiças que observamos na sociedade, mas também permeiam nosso cotidiano nas coisas sutis, nas pequenas percepções. Fatores como estarmos estressados ou cansados podem diminuir nossa capacidade de percepção, aumentando nossa disponibilidade para as heurísticas e vieses. A ordem na qual as pessoas expõem seus argumentos, em uma reunião, pode nos fazer concordar mais ou menos facilmente com elas, o tom de voz, sua cadência, quem falou primeiro ou por último, com insegurança ou confiança, quem sorriu ou não, quem gesticulou, quem vestiu preto ou quem optou por uma cor vibrante — tudo isso pode afetar nossa percepção e julgamento. Os pequenos vieses, muitas vezes, nos levam a decisões ineficazes em pequena escala em um contexto geral, mas significativas individualmente, sejam elas financeiras, de saúde, nutricionais, profissionais, relacionais, entre tantas outras. Todas as áreas de nossas vidas podem ser afetadas pelos pequenos vieses, desde nossa escolha para o café da manhã, passando por nossas decisões de compra, até ignorar a importância de um check-up preventivo, movidos pela ilusão de sermos imunes às estatísticas de fracasso, o que, aliás, se chama viés do otimismo[124].

Decisões e julgamentos ruins são, frequentemente, mais fáceis de serem notados. No entanto, a concordância rápida acerca de um julgamento ruim pode reforçar outro viés, chamado ilusão de concor-

---

[123] MOLENBERGHS, P. The neuroscience of in-group bias. *Neuroscience & Biobehavioral Reviews*, [s. l.], v. 37, p. 1530–1536, 2013. Disponível em: https://www.sciencedirect.com/science/article/abs/pii/S0149763413001498?via%3Dihub. Acesso em: 29 jul. 2023.

[124] SHAROT, T. The optimism bias. *Current Biology*, [s. l.], v. 21, p. 941-945, 6 dez. 2011. Disponível em: https://www.sciencedirect.com/science/article/pii/S0960982211011912. Acesso em: 29 jul. 2023.

dância, que induz ao erro. Essa ilusão nos leva a acreditar que regras fundamentadas em consensos são suficientes quando, na realidade, costumam ser vagas, pois podem se aplicar a algumas situações, mas são insuficientes para garantir que nossas conclusões sejam, de fato, assertivas. Sob esse viés, tendemos a enxergar discordâncias ocasionais como erros de julgamento da outra parte. Isso acontece porque recebemos reforços constantes que nos levam a acreditar que os outros veem o mundo à nossa maneira[125]. A ilusão de concordância não deve ser confundida com o viés de conformidade, que também é um viés de grupo. O viés de conformidade não é sobre o que acreditamos ser um consenso, e sim sobre como nos ajustamos para nos alinharmos a um determinado grupo, modificando nossos comportamentos e opiniões, em busca de aceitação, ainda que internamente discordemos desses comportamentos. O desejo de pertencer, ou o medo de não pertencer, podem apresentar maior valência. Afinal, quem deseja sentir a dor da exclusão?

Conformidade social e conflito

Discordar pode ser uma situação de desconforto, pois receamos que possa conduzir a comportamentos de não cooperação e ao conflito, que tendemos a desvalorizar. Ao prolongar o ciclo da conformidade social, blindamos o ambiente às divergências e, na tentativa de evitar o conflito, evitamos também que possa haver novas construções, geradoras de avanços na solução de problemas complexos. As valências emocionais têm um peso significativo nessas decisões. Somos treinados, inconscientemente, para muitos comportamentos em nossas vidas, respondendo a uma tentativa de evitar valências negativas e reforçar valências positivas. A valência emocional é uma característica das emoções, é o valor intrínseco que descreve o grau de prazer ou de desprazer que sentimos em relação a outra pessoa, grupo ou situação. Entretanto, temos visto como conceitos dicotômicos podem ser perigosos, pois essas percepções

---
[125] KAHNEMAN; SIBONY; SUNSTEIN, 2021, p. 42.

são complexas e multifacetadas e, como já vimos, envolvem muito mais do que afabilidade e competência, envolvem um espectro de experiências e sentimentos.

Embora a conformidade social seja percebida como uma valência positiva, por facilitar a cooperação e a harmonia do grupo — o que não é equivocado, se continuamente reforçada ela pode conduzir a decisões de grupo mal fundamentadas e enviesadas. É aqui que a valência negativa atua como um contrapeso à conformidade social e a valência positiva pode ser aplicada ao conflito, incentivando o pensamento crítico, que leva à inovação e à melhoria contínua. As divergências podem melhorar a qualidade das decisões e aumentar a saúde organizacional de longo prazo. Entretanto, existe um desafio a ser superado: encontrar o equilíbrio adequado. Nesse equilíbrio, busca-se a troca de ideias e a variedade de perspectivas e vivências, com respeito às singularidades. A construção desse equilíbrio envolve a flexibilidade frente à diversidade de opiniões, para que antes de nossa reação venha nossa consideração sobre as diversas perspectivas. Este conflito de ideias, abordado por sua valência positiva, abre espaço para que nossos vieses possam ser modulados pelo nosso controle cognitivo. Quanto mais consciência desenvolvemos sobre os preconceitos implícitos, maior é a capacidade de sua regulação, por meio de nossas funções executivas.

Essa construção cognitiva é possível devido à capacidade inerente do cérebro conhecida como neuroplasticidade. A neuroplasticidade refere-se à capacidade de adaptação do cérebro em resposta a experiências, aprendizados, lesão ou doença[126, 127]. Portanto, o sistema nervoso pode modificar sua estrutura e função em decorrência de padrões de experiência, induzindo a uma adaptação que permite que diferenças culturais e de desenvolvimento sejam moduladas, resultando em recategorização, um processo pelo qual as fronteiras existentes entre os grupos são reestruturadas.

---

[126] ZATORRE, R.; FIELDS, R.; JOHANSEN-BERG, H. Plasticity in gray and white: neuroimaging changes in brain structure during learning. *Nat. Neurosci.*, [s. l.], v. 15, p. 528-536, 2012. Disponível em: https://doi.org/10.1038/nn.3045. Acesso em: 29 jul. 2023.

[127] MOLENBERGHS, 2013, p. 1535.

Ao nos tornarmos mais conscientes de nossos preconceitos, aumentamos nossa capacidade de regular emoções básicas que influenciam nossa empatia. Aprendemos com o exercício da consciência. Assim, compreender que nossos vieses podem ser originados de processos inconscientes, como a categorização social, a empatia seletiva ou a percepção facial, é o primeiro passo para reconhecê-los, abrindo possibilidades para mudanças nessas perspectivas. O conhecimento de nosso cérebro e redes neurais pode ser utilizado na educação e formação de uma sociedade mais igualitária[128], ao trazer os vieses à consciência, reconhecer os próprios preconceitos e aplicar estratégias que demostrem a pessoas e grupos que tais padrões de comportamento são evidentes. Este é o início do caminho para enxergar as diversas dicotomias Nós/Eles às quais pertencemos e olhar para "Eles" para além de um grupo, mas como indivíduos. É preciso o esforço consciente e o pensamento crítico para reconhecer quais de nossas identidades de grupo estão sendo ativadas em resposta aos eventos cotidianos e, assim, entender quais interesses de grupo estamos defendendo e por que o fazemos[129].

Vimos que uma exposição subliminar de 50 milissegundos ao rosto de outra pessoa pode ativar a amígdala, em uma reação involuntária, defensiva, para a qual fomos e somos treinados há milhares de anos, em nome de nossa autodefesa e proteção. Mas ter uma exposição mais longa, da ordem de 500 milissegundos ou mais, seria o suficiente para ocorrer uma detecção consciente do evento enviesado em andamento. Meio segundo, 0,5 segundo separaria uma reação automática de uma possibilidade de reflexão, com a ativação do córtex pré-frontal, especialmente sua região dorsolateral, produzindo um amortecimento da amígdala. Quanto maior a ativação do córtex pré-frontal, maior será o silenciamento da amígdala. E, assim, o córtex pré-frontal, por meio de suas funções executivas, pode regular as emoções consideradas inadequadas[130, 131].

---

[128] MOLENBERGHS, 2013. p. 1536.
[129] SAPOLSKY, 2021, p. 529.
[130] AMODIO; CIKARA, 2021, p. 460.
[131] SAPOLSKY, 2021, p. 592.

Cada indivíduo pode acreditar estar correto em suas convicções, sem entender que essa crença é substrato de sua cultura e de outros múltiplos fatores. Todas essas características, mescladas, formam essa convicção de que pensamos como pensamos porque é o modo certo de se pensar. Acreditamos que não estamos sob nenhum outro tipo de influência, apenas da razão. Por não perceber as influências existentes, não as questionamos. E quando não questionamos, não damos espaço a outras opiniões e vivências, que nos fariam compreender as crenças de outras pessoas e com elas aprender. A compreensão do outro ser humano pode ser significativamente acelerada se optarmos pela escuta ativa de suas experiências e perspectivas, ao invés de presumi-las com base em nossas próprias convicções e suposições.

Falamos aqui em reflexão e reestruturação, não em uma mudança de comportamento imediata, pois quando nos referimos aos automatismos é importante considerar o controle não consciente. A mudança comportamental sustentada requer a aceitação do erro de julgamento, que leva ao contraste mental entre a realidade praticada e o futuro desejado. O contraste mental forneceria um compromisso com o objetivo desejado e a melhor identificação das pistas sociais relevantes para atingi-lo, levando à construção de um novo padrão neural e a um novo modo de ação automático[132]. Este contraste, quando compreendido, pode produzir quebra de interpretações enviesadas e mudanças de comportamento significativas a médio e longo prazo.

Como acelerador desse processo, precisamos abordar as situações com a intenção de diminuir os erros de julgamento, de não acreditar em nossas percepções como vias únicas de compreensão do mundo. Kahneman, Sibony e Sunstein utilizam o termo higiene da decisão para a abordagem imbuída do propósito de diminuir esses erros. Para os autores, assim como lavar as mãos pode evitar uma variedade de patógenos desconhecidos de entrarem em nosso corpo, seguir um

---

[132] OETTINGEN, G. Future thought and behaviour change. *European Review of Social Psychology*, [s. l.], v. 23, p. 1-63, 13 mar. 2012. Disponível em: https://doi.org/10.1080/10463283.2011.643698. Acesso em: 29 jul. 2023. p. 28.

modelo de higiene da decisão permite adotar técnicas redutoras de vieses e ruídos, mesmo "sem conhecer os erros subjacentes que ela ajuda a evitar"[133]. Estratégias explícitas se mostram capazes de reduzir os vieses implícitos.

Enfrentar questões inconscientes e culturais é, sem dúvida, um desafio, pois exige uma ruptura das expectativas pré-estabelecidas, impactante o suficiente para enfraquecer a dicotomia Nós/Eles. É preciso enfatizar a individualidade sem deixar de lado os atributos compartilhados, pertencer e ser único ao mesmo tempo, exercer a empatia e perspectiva do outro, enfraquecer diferenças e unir pessoas por suas metas compartilhadas. Apesar de um desafio, são posturas possíveis, que podem ser facilitadas pela compreensão de que não somos "Nós" e "Eles", somos apenas Nós, pessoas.

---

[133] KAHNEMAN; SIBONY; SUNSTEIN, 2021, p. 337.

5

DA EMPATIA À AÇÃO PRÓ-SOCIAL

> *[...] disciplina é liberdade. Compaixão é fortaleza.*
> *Ter bondade é ter coragem...*[134]
> *(Legião Urbana)*

O que não é empatia

"Empatia, simpatia, compaixão, mimetismo, contágio emocional, contágio sensório-motor, tomada de perspectiva, preocupação, piedade"[135]. São diferentes terminologias para descrever os modos de entrar em ressonância com a adversidade de outro indivíduo. A sobreposição desses múltiplos conceitos apresenta um desafio para estabelecer uma definição consistente de empatia. Contudo, é consenso que a empatia é orientada para o outro, pois engloba a capacidade de entender e até mesmo de experimentar vicariamente os sentimentos de outra pessoa[136].

Os estudos sobre as relações empáticas despertaram o interesse de diferentes disciplinas, como psicologia, neurociência, sociologia e até mesmo a gestão empresarial, devido à sua relevância na melhoria da qualidade das relações humanas. O mundo atual ressalta essa necessidade, já que estamos cada vez mais interconectados em uma sociedade globalizada. No entanto, a popularização desse conceito veio acompanhada de uma série de mal-entendidos: simplificações excessivas que reduziram descobertas científicas de importância a

---

[134] HÁ tempos. Intérprete: Legião Urbana. Compositores: Renato Russo, Dado Villa-Lobos e Marcelo Bonfá. *In*: AS QUATRO estações. Intérprete: Legião Urbana. [*S. l.*]: EMI, 1989. 1 CD, faixa 1.
[135] SAPOLSKY, 2021, p. 743.
[136] STEVENS, F.; TABER, K. The neuroscience of empathy and compassion in pro-social behavior. *Neuropsychologia*, [*s. l.*], v. 159, 20 ago. 2021. Disponível em: https://www.sciencedirect.com/science/article/pii/S0028393221001767. Acesso em: 29 jul. 2023. p. 5.

slogans simplistas e frases de efeito para gerar engajamento em redes sociais. Essa simplificação colaborou para que o termo passasse ser atribuído a outros significados, como um comportamento idealista ou utópico, uma associação à fragilidade como uma falha ou, ainda, a cobrança excessiva por uma empatia que não reflete comportamentos genuínos. Todos trazem prejuízo à qualidade buscada nas relações humanas. Subestimar a importância da empatia prejudica sua aplicação em diferentes contextos em que ela é de grande valia: educação, saúde mental, política, gestão de conflitos, inclusão social e organizacional são apenas alguns exemplos. A empatia não é utópica, não é uma falha e não é moeda de troca para validação social. Ela é um elemento fundamental para a manutenção de relações sociais saudáveis e para a evolução da sociedade como um todo.

 A empatia nem sempre é um sentimento agradável ou positivo. Compreender o sentimento do outro, e responder de maneira apropriada a esse sentimento, exige comportamentos complexos, pois sentir o sofrimento do outro pode despertar sentimentos ambíguos e impeditivos. Para abordar esses sentimentos é preciso desmistificar a empatia e entender sua natureza. As últimas décadas trouxeram significativa evolução sobre o conhecimento da empatia, com estudos de neuroimagem que apresentaram uma visão mais objetiva e neurobiológica de seu funcionamento, com reconhecimento dos circuitos cerebrais envolvidos no processamento emocional, no pensamento social e na teoria da mente. É aqui que a empatia deixa de ser um fenômeno passivo para ser reconhecida em seu modo dinâmico, com regulação ativa sobre nossas respostas emocionais. Empatia é mais do que um reflexo ao estado emocional de outra pessoa, ela é uma competência emocional essencial e que pode ser aprimorada. Entenderemos como.

Empatia afetiva e empatia cognitiva

 Estudos na área da neurociência afetiva, cognitiva e social têm sido realizados sobre o tema, no intuito de compreender quais regiões cerebrais estão associadas à empatia. A literatura científica tem se mostrado consistente quanto à existência de dois tipos de empatia: empatia afetiva, também chamada de empatia emocional, e a empatia cognitiva[137, 138, 139].

A empatia afetiva é aquela na qual se compartilha o estado emocional do outro, ela compreende facetas comportamentais como o contágio emocional e a preocupação empática. No contágio emocional seria possível experimentar a emoção sentida pelo outro e espelhar essa emoção, ainda que não se reconheça suas origens. Podemos sentir tristeza ao perceber a tristeza de outra pessoa ou nos sentir felizes ao constatar sua felicidade. Esse processo é inconsciente, regulado por circuitos neurais específicos, como o sistema de neurônios-espelho, que pode atuar como um efeito *priming*, uma preparação para que a teoria da mente seja bem-sucedida na regulação de nossos comportamentos sociais. Já a preocupação empática apresenta um processo mais complexo, pois o indivíduo reconhece que sua resposta emocional tem origem fora de si, existe a consciência de que nossa resposta emocional interna responde ao estado emocional demonstrado por outra pessoa. Apesar de a preocupação empática envolver esse nível de consciência, tanto ela quanto o contágio emocional acontecem de modo não intencional, pois consciência não significa intencionalidade. A consciência, de modo bastante simplificado, é um estado de compreensão e percepção do próprio eu e do mundo externo, enquanto a intencionalidade é a qualidade dos estados mentais direcionados a um propósito ou ação.

Vimos na tarefa experimental *Cyberball*, no capítulo 3, que os participantes, ao se sentirem excluídos da tarefa, apresentaram ativação de regiões do sistema emocional, como o córtex cingulado anterior e a ínsula anterior[140]. Regiões cerebrais que buscam compreender o

---

[137] BATSON, C. D.; EKLUND, J. H.; CHERMOK, V. L.; HOYT, J. L.; ORTIZ, B. G. An additional antecedent of empathic concern: valuing the welfare of the person in need. *Journal of Personality and Social Psychology*, [s. l.], v. 93, p. 65-74, 2007. Disponível em: https://pubmed.ncbi.nlm.nih.gov/17605589/. Acesso em: 29 jul. 2023. p. 67.
[138] MORELLI, S. A.; RAMESON, L. T.; LIEBERMAN, M. D. The neural components of empathy: predicting daily prosocial behavior. *Soc Cogn Affect Neurosci.*, [s. l.], v. 9, p. 39-47, jan. 2014. Disponível em: https://www.ncbi.nlm.nih.gov/pmc/articles/PMC3871722/. Acesso em: 29 jul. 2023.
[139] STEVENS; TABER, 2021.
[140] EISENBERGER; LIEBERMAN; WILLIANS, 2003.

significado da dor e, para isso, valorizam suas duas expressões: física e emocional. Entretanto, diferentemente das respostas encontradas na tarefa, aqui não estaríamos buscando por regulação emocional para nossa própria dor da exclusão, mas pela regulação emocional frente ao desconforto causado pela dor do outro[141]. Estas regiões reconhecem os sentimentos de exclusão social, ansiedade, aversão e constrangimento, inclusive quando ocorrem com outro indivíduo, sugerindo sua importância também nos processos empáticos e no despertar dos sentimentos compassivos[142].

Assim como na etapa de avaliação do sistema de alarme neural e dor social, a ativação dessas regiões demonstra um desconforto, uma discrepância ou uma situação a ser abordada e, quando ativadas em conjunto, são parte do que denominamos rede de saliência[143]. Saliente é o nome dado a um estímulo com a qualidade de se destacar ou ser perceptivelmente diferente quando comparado a outros estímulos. Esses estímulos podem se sobressair devido a diferentes componentes individuais, ou pela combinação deles, atraindo a atenção devido a: novidade, intensidade, relevância emocional, relevância pessoal, contraste e quebra de expectativa. Uma vez ocorrida a saliência, o sofrimento emocional do outro se tornaria alvo de nossa atenção, por meio dos circuitos neurais da empatia afetiva seríamos capazes de realizar uma leitura neurobiológica da situação e responder a essa leitura, podendo acrescentar outras camadas de complexidade, como a preocupação genuína pelo bem-estar do outro e um desejo de aliviar esse desconforto ou sofrimento. Este é um dos momentos em que podem ocorrer sentimentos ambíguos e impeditivos, pois é necessária uma etapa de autorregulação emocional frente a esse sofrimento. Se a autorregulação é malsucedida, não ultrapassamos a barreira de nosso próprio desconforto com a situação e não somos capazes de articular uma ação que concretizaria nossa intenção de prestar alívio. Se a autorregulação é bem-sucedida, ela pode levar a

---

[141] MORELLI; RAMESON; LIEBERMAN, 2014.
[142] SAPOLSKY, 2021, p. 755.
[143] UDDIN, L. Salience processing and insular cortical function and dysfunction. *Nat Rev Neurosci*, [s. l.], v. 16, p. 55-61, 2015. Disponível em: https://doi.org/10.1038/nrn3857. Acesso em: 29 jul. 2023.

um sentimento compassivo, aumentando as chances de a intenção se concretizar em ação. Desta forma, além da empatia afetiva, existem outras etapas e diferentes níveis de complexidade na construção do comportamento pró-social.

O sentimento compassivo, ou compaixão, define-se como um sentimento de preocupação, acompanhado de motivação para ajudar. É uma emoção única, separada da empatia afetiva, com uma abordagem motivada para a ação[144, 145]. Se posicionaria como um elo entre a empatia afetiva e a empatia cognitiva, pois engloba tanto a resposta emocional direta ao sofrimento do outro quanto a compreensão e o reconhecimento dessa aflição. Contudo, por si só a compaixão também não se traduz em ação, é necessária a tomada de perspectiva.

A empatia cognitiva também envolve facetas comportamentais, como a teoria da mente e a tomada de perspectiva — pensar sobre os estados mentais próprios e dos outros a fim de compreender e ajustar comportamentos, tendo como objetivo a adaptabilidade social. A empatia cognitiva distingue-se da empatia afetiva em sua rede neural. Nela são ativadas regiões que, em parte, se repetem e sobrepõem às regiões da etapa do Sistema de Monitoramento Social, visto no capítulo 3, como o córtex pré-frontal dorsomedial, córtex pré-frontal ventromedial, junção temporoparietal, sulco temporal superior e polo temporal[146, 147]. Essas regiões são ativadas na atribuição de contexto para a empatia, pois envolvem a capacidade de um indivíduo adotar a perspectiva de outro a fim de compreender sua experiência. Aqui, diferentemente da resposta à própria dor da exclusão social, ativamos nosso Sistema de Monitoramento Social para compreender a dor do outro e, com esse entendimento, determinar o próximo passo na cadeia de construção do comportamento, seja ele pró-social ou antissocial.

---

[144] STEVENS; TABER, 2021.

[145] WEISZ, E.; ZAKI, J. Motivated empathy: a social neuroscience perspective. *Current Opinion in Psychology*, [s. l.], v. 24, p. 67–71, 2018. Disponível em: https://www.sciencedirect.com/science/article/pii/S2352250X18300150?via%3Dihub. Acesso em: 29 jul. 2023.

[146] MORELLI; RAMESON; LIEBERMAN, 2014.

[147] STEVENS; TABER, 2021.

Figura 5.1 – Empatias afetiva e cognitiva

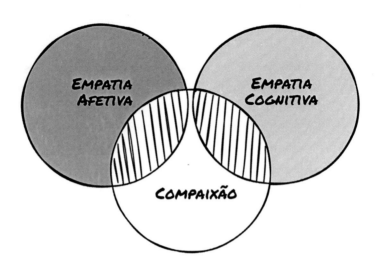

Fonte: adaptado de Stevens e Taber[148]

Respostas empáticas podem apresentar diferentes variáveis, como a confiabilidade, proximidade, status social e relacionamento intragrupo. A tendência humana a formar vínculos com grupos sociais específicos tem sua parcela de influência também na empatia, pois as opiniões pré-concebidas se apresentam mais favoráveis aos grupos de pertencimento. Observar a exclusão social de um amigo foi associado à ativação de regiões relacionadas à empatia afetiva, refletindo a dor emocional que sentimos ao ver pessoas próximas em situação de sofrimento. Mas observar a exclusão social de um estranho causou ativação de regiões associadas à tomada de perspectiva e à empatia cognitiva, indicando uma resposta empática mais distante e menos visceral[149]. As respostas empáticas também se mostram mais fortes ao próprio grupo étnico ou racial do que a grupos externos[150].

---
[148] STEVENS; TABER, 2021.
[149] MEYER, M. L.; MASTEN, C. L.; MA, Y.; WANG, C.; SHI, Z.; EISENBERGER, N. I.; HAN, S. Empathy for the social suffering of friends and strangers recruits distinct patterns of brain activation. *Soc. Cognit. Affect Neurosci.*, [s. l.], v. 8, p. 446–454, 2013. Disponível em: https://academic.oup.com/scan/article/8/4/446/1627027. Acesso em: 29 jul. 2023.
[150] MOLENBERGHS, 2013.

Vale lembrar que as distinções intragrupo e extragrupo, "Nós" versus "Eles", dependem de contexto e percepção, como visto no capítulo 4. Isto é, quem consideramos "Nós" pode mudar dependendo de várias condições e circunstâncias, podendo levar ao preconceito e à discriminação daqueles que são percebidos por "Nós" pela pouca afabilidade e pouca competência, ou seja, como aversivos. Sobre esses sentimentos de grupo e as dicotomias, Sapolsky descreve que, para os seres humanos, "é preciso um enorme esforço cognitivo para... alcançar um estado empático por alguém que é diferente e repulsivo"[151]. É importante notar que estes processos podem culminar na desumanização — sentimento de negação da humanidade básica de outro indivíduo. A desumanização permite que indivíduos justifiquem, internamente, e que grupos justifiquem, externamente, comportamentos e atitudes prejudiciais em relação aos que são considerados "Eles". Quando a emoção despertada contra um grupo específico de indivíduos é a aversão, podem ocorrer a discriminação e a violência. Isso é especialmente verdadeiro quando a aversão é provocada por aspectos culturais, étnicos ou de classe social[152]. Desta forma, os estados empáticos são uma combinação de componentes emocionais e cognitivos, com maior custo e esforço cognitivo aplicados às situações em que as diferenças entre as partes envolvidas superam suas semelhanças. É mais fácil atingir comportamentos pró-sociais quando estes estão direcionados aos grupos aos quais pertencemos, pois a demanda cognitiva seria menor.

A empatia cognitiva pode ser tão exaustiva que os indivíduos podem preferir evitá-la. Existe um momento, entre a empatia cognitiva e o comportamento pró-social, em que novamente podem ocorrer sentimentos ambíguos e impeditivos. Existe uma etapa a ser superada antes que ocorra o comportamento em si — a ação pró-social —, essa etapa é o custo cognitivo da decisão. Esse custo, se alto demais, induziria comportamentos de autoproteção e esquiva, assim como

---

[151] SAPOLSKY, 2021, p. 759.
[152] HARRIS, L. T.; FISKE, S. T. Dehumanizing the lowest of the low: neuroimaging responses to extreme out-groups. *Psychological Science*, [s. l.], v. 17, p. 847-853, out. 2006. Disponível em: https://doi.org/10.1111/j.1467-9280.2006.01793.x. Acesso em: 29 jul. 2023.

no Sistema de Monitoramento Social, que poderiam direcionar aos comportamentos antissociais. Mas, se o custo cognitivo da decisão é considerado tolerável, finalmente possibilitaria o comportamento de proteção ao outro, o comportamento pró-social. Esse comportamento provocaria diminuição da angústia sofrida pelo outro, ao mesmo tempo em que acarretaria a percepção de alívio ao agente do comportamento pró-social, o que, nesse contexto, é considerado uma autorrecompensa. O sistema de recompensa cerebral desempenha o papel de fornecer a sensação de satisfação gerada pelo comportamento pró-social bem--sucedido. Esse sistema continuaria agindo, como uma motivação para a continuidade dos comportamentos pró-sociais, criando um ciclo de reforço comportamental[153].

A compaixão tem sido objeto de estudo por seu papel potencialmente atenuante no custo cognitivo da decisão. Ao possibilitar a ativação de regiões da teoria da mente, em etapa anterior do processo empático, ela diminuiria a quantidade de esforços necessários na etapa subsequente — a etapa da empatia cognitiva, reduzindo o custo cognitivo da decisão e aumentando as chances de a empatia cognitiva se traduzir em comportamento pró-social[154]. Além disso, sua relação com circuitarias neurais associadas à cognição, bem como sua relação com o sistema de recompensa cerebral, fariam os sentimentos compassivos passíveis de treinamento. Os treinamentos em compaixão têm apresentado resultados positivos e sido considerados aceleradores do ciclo de recompensa para eventos futuros, pois geram a ativação de regiões cerebrais envolvidas nas percepções de prazer e motivação — estriado ventral e núcleo accumbens —, regulação emocional — córtex cingulado anterior — e tomada de decisões baseadas em recompensas — córtex orbitofrontal[155]. A Figura 5.2 ilustra o processo empático desde a percepção da angústia até a autorrecompensa, com seus possíveis pontos de fuga.

---
[153] STEVENS; TABER, 2021.
[154] KLIMECKI, O. M.; LEIBERG, S.; RICARD, M.; SINGER, T. Differential pattern of functional brain plasticity after compassion and empathy training. *Social Cognitive and Affective Neuroscience*, [s. l.], v. 9, p. 873-879, jun. 2014. Disponível em: https://www.ncbi.nlm.nih.gov/pmc/articles/PMC4040103/. Acesso em: 29 jul. 2023.
[155] WEISZ; ZAKI, 2018.

Figura 5.2 – Tradução da empatia em ação pró-social

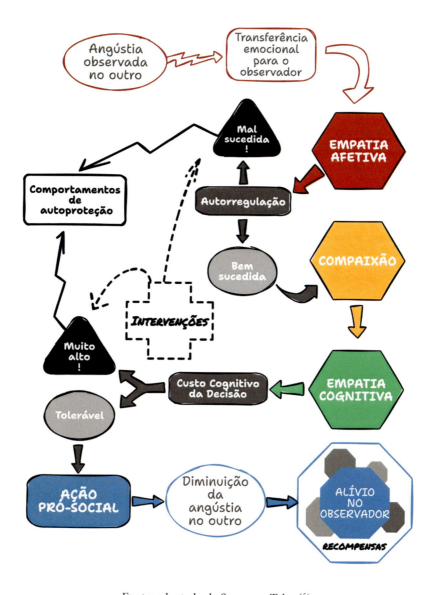

Fonte: adaptado de Stevens e Taber[156]

---
[156] STEVENS; TABER, 2021.

Pensando pensamentos

A empatia cognitiva relaciona-se, ainda, com outro importante elemento, a metacognição, frequentemente caracterizada como a capacidade de pensar sobre o próprio pensamento, ou de ter consciência sobre o próprio conhecimento. A metacognição refere-se à capacidade que temos de regular e controlar nossos próprios processos cognitivos, permitindo-nos avaliar, planejar e monitorar nosso pensamento e aprendizado. Seria composta de dois elementos metacognitivos: conhecimento metacognitivo — o que sabemos sobre nossos próprios processos cognitivos — e habilidade metacognitiva — como controlamos estes processos para atingir metas específicas[157, 158]. Por exemplo, ao estudar para um exame, ou realizar um projeto profissional, o conhecimento metacognitivo revelaria qual a melhor forma de dividir o conteúdo a ser trabalhado, enquanto a habilidade metacognitiva poderia indicar quais são as pausas necessárias para realizar a tarefa de maneira eficaz.

Conhecer as várias maneiras pelas quais nosso cérebro opera e organiza informações é de importância significativa na melhoria de nossos processos de aprendizagem, reconhecimento de vieses, tomada de decisão e execução de tarefas[159]. Pensar sobre o próprio pensamento significa fazer para si perguntas como: por que acredito nisso? O que originou esta crença? Estou interpretando a situação corretamente? Existem pontos para os quais não tenho argumentos realmente sólidos? Que vieses poderiam estar influenciando esta decisão? Quais possíveis consequências poderiam interferir em meu posicionamento?

Vimos que para acessarmos nossa empatia, e traduzi-la em comportamento pró-social, precisamos ultrapassar a barreira da compreensão das emoções e perspectivas dos outros, trazendo à consciência nossas próprias reações e preconceitos frente a essas perspectivas.

---

[157] VACCARO, A. G.; FLEMING, S. M. Thinking about thinking: A coordinate-based meta-analysis of neuroimaging studies of metacognitive judgements. *Brain Neurosci. Adv.*, [s. l.], 2018. Disponível em: https://www.ncbi.nlm.nih.gov/pmc/articles/PMC6238228/. Acesso em: 29 jul. 2023.

[158] ACCO, F. F.; DA ROSA, C. T. W. Metacognição e funções executivas: em busca de diálogos. *Revista Insignare Scientia* - RIS, Chapecó, v. 4, p. 336-352, 2021. Disponível em: https://periodicos.uffs.edu.br/index.php/RIS/article/view/11877/8213. Acesso em: 29 jul. 2023.

[159] VACCARO; FLEMING, 2018.

Precisamos questionar nossos próprios pensamentos, reduzindo o custo cognitivo da decisão, tornando-o tolerável o suficiente para acionar o comportamento pró-social. Assim, seja a empatia associada à metacognição, ou um processo metacognitivo em si[160], ela envolve aspectos como a compreensão de estados emocionais dos outros e os nossos próprios, para que seja possível regular cognitivamente as ações que desejamos executar. E essa regulação mobiliza nossas funções executivas. Assim, as habilidades metacognitivas — como controlamos os processos cognitivos para atingir metas específicas — seriam o ponto de convergência entre a metacognição e a função executiva, pois ambas envolvem atividades mentais de planejamento, monitoramento e controle das próprias ações[161].

A função executiva é definida como uma série de habilidades cognitivas de alto nível que sustentam o controle consciente do pensamento e da ação[162]. São responsáveis pelo planejamento e execução de estratégias comportamentais consideradas adequadas à situação do indivíduo, bem como a flexibilidade de alterá-las quando essas situações se modificam. Envolvem também a avaliação das possíveis consequências da ação, direcionando a novas estratégias de planejamento e organização para solução de novos problemas[163]. Pode ser dividida em dois subníveis, um nível primário, constituído por controle inibitório, memória de trabalho e flexibilidade cognitiva, e um secundário, com funções como planejamento, raciocínio e resolução de problemas. Modelos de empatia — ordenações teóricas que procuram explicar o que é a empatia e como ela funciona — citam a função executiva como elemento básico da empatia cognitiva, atuando como moderadora na regulação emocional. Uma função executiva mais alta implicaria melhor regulação emocional durante o processo empático[164].

---

[160] SCHILBACH, L.; TIMMERMANS, B.; REDDY, V.; COSTALL, A.; BENTE, G.; SCHLICHT, T.; VOGELEY, K. Toward a second-person neuroscience. *Behavioral and Brain Sciences*, [s. l.], v. 36, p. 393-414, 25 jul. 2013. Disponível em: https://doi.org/10.1017/S0140525X12000660. Acesso em: 29 jul. 2023.
[161] ACCO; DA ROSA, 2021.
[162] YAN, Z.; HONG, S.; LIU, F.; SU, Y. A meta-analysis of the relationship between empathy and executive function. *PsyCh J.*, [s. l.], v. 9, p. 34-43, 2019. Disponível em: https://onlinelibrary.wiley.com/doi/10.1002/pchj.311. Acesso em: 29 jul. 2023.
[163] MACHADO, A. B. M.; HAERTEL, L. M. *Neuroanatomia funcional*. 3. ed. São Paulo: Atheneu, 2014. p. 254.
[164] YAN; HONG; LIU; SU, 2019.

O nível primário das funções executivas seria o de maior influência na cognição social e na empatia cognitiva, com as quais seus componentes relacionam-se diretamente. O controle inibitório é o "processo cognitivo pelo qual uma pessoa inibe ou controla sua atenção, comportamento, pensamentos e emoções para anular uma forte predisposição interna"[165], ele atua no processo de empatia auxiliando na inibição de respostas automáticas às emoções de outros indivíduos e regulando as respostas mais apropriadas para execução naquele momento e situação. A memória de trabalho é a "capacidade de manter informações, objetivos e regras no recurso atencional"[166], é responsável por auxiliar na retenção de informação emocional de outros indivíduos e atualizá-las conforme a necessidade. O terceiro componente, a flexibilidade cognitiva — capacidade de mudança e ajuste —, "é o que nos permite transferir entre nós e os outros"[167], alternando entre as diferentes perspectivas.

Entre os três, o controle inibitório é o que apresenta maior influência sobre os processos empáticos cognitivos, desempenhando um papel principal ao inibir o contágio emocional, modular emoções e regular a preocupação dispensada ao outro. Memória de trabalho e flexibilidade cognitiva desempenhariam um papel de apoio, auxiliando na aceleração e eficiência da resposta empática[168, 169]. Os subcomponentes da função executiva mostram-se, assim, presentes na construção do comportamento empático, geradores de ação pró-social, modulando a empatia de um indivíduo pela percepção de emoção do outro.

Portanto, um comportamento pró-social originado na empatia pode ser considerado um construto multidimensional, que engloba o reconhecimento da angústia e dor social do outro, juntamente com

---

[165] YAN; HONG; LIU; SU, 2019.
[166] YAN; HONG; LIU; SU, 2019.
[167] YAN; HONG; LIU; SU, 2019.
[168] CRISTOFANI, C.; SESSO, G.; CRISTOFANI, P.; FANTOZZI, P.; INGUAGGIATO, E.; MURATORI, P.; NARZISI, A.; PFANNER, C.; PISANO, S.; POLIDORI, L.; RUGLIONI, L.; VALENTE, E.; MASI, G.; MILONE, A. The role of executive functions in the development of empathy and its association with externalizing behaviors in children with neurodevelopmental disorders and other psychiatric comorbidities. *Brain Sci.*, [s. l.], v. 10, 28 jul. 2020. Disponível em: https://www.ncbi.nlm.nih.gov/pmc/articles/PMC7465618/. Acesso em: 29 jul. 2023.
[169] YAN; HONG; LIU; SU, 2020.

a empatia afetiva e cognitiva, aprimoradas por meio da compaixão, moduladas pela nossa metacognição e funções executivas. Os correlatos neurais identificados entre os diferentes elementos da empatia e da função executiva, além dos sentimentos de grupo e dos processos intrapessoais e interpessoais da exclusão e dor social, evidenciam a importância de políticas de treinamento organizacional que superem as barreiras decorrentes dessas complexidades.

Para garantir práticas mais assertivas na sustentabilidade de pessoas e a implementação de políticas ESG nas organizações, é preciso mais do que palestras motivacionais. É preciso um processo de desconstrução das diversas barreiras intragrupo e o fortalecimento de uma cultura organizacional que valorize a responsabilidade social como modelo de sustentabilidade a longo prazo.

PARTE III

ORGANIZAÇÕES SOCIALMENTE SUSTENTÁVEIS

6

SUSTENTABILIDADE DE PESSOAS NAS ORGANIZAÇÕES

> *A verdadeira inovação é quase sempre impulsionada por rebeldes que forçam a ruptura*[170].
> (Paul Polman)

Onde estamos e para onde podemos ir

A crescente visibilidade sobre a sustentabilidade de pessoas é um indicador muito positivo de nosso desenvolvimento como sociedade. As demandas da sociedade civil impulsionam mudanças na maneira como a diversidade e as relações saudáveis são abordadas nas organizações e, embora as motivações organizacionais possam não estar centradas no comportamento altruísta, elas representam pontos de partida significativos para as mudanças desejadas. A necessidade de adequar e avaliar o desenvolvimento organizacional para atender a essas demandas resulta na criação de novas normas regulatórias. Nesse contexto, os relatórios e indicadores passam a ser utilizados não apenas como garantia de melhores investimentos, mas também como uma forma de prestar contas à sociedade. Pactos e índices com enfoque social têm sido implementados e acompanhados, como Great Place to Work — IGPTW/B3, Brasil ESG Index — S&P/B3, Woman's Empowerment Principles (WEPs), Fórum de Empresas e Direitos LGBTI+, Pacto Nacional pela Erradicação do Trabalho Escravo e o Pacto Global da ONU. Este último apresenta o maior número de empresas signatárias, atingindo 96% das empresas respondentes do último relatório ESG Ibovespa[171]. O

---
[170] POLMAN; WINSTON, 2022, p. 38.
[171] PWC BRASIL, 2022.

Pacto Global, como já vimos, estabelece dez princípios universais que englobam o apoio e respeito aos direitos humanos, a garantia de condições justas de trabalho, a promoção da igualdade e não discriminação, a adesão a iniciativas de sustentabilidade ambiental e a adoção de práticas de combate à corrupção. Além disso, seus signatários também são incentivados a alinhar suas estratégias de sustentabilidade aos 17 ODS.

Os ODS não são, absolutamente, objetivos fáceis de serem atingidos. Eles são grandiosos. E ainda trabalhamos para alcançar os requisitos mínimos: deixar de causar impactos adversos, ou seja, deixar de causar dano[172]. Esta é a jornada rumo ao impacto positivo: eliminar o impacto adverso de nossas ações e, por meio de ações concretas, aprendizado constante e colaboração efetiva, criar modelos que nos levem além da intenção e que fomentem atitude. A atitude de trabalhar diferentes frentes e desenvolver as organizações como ecossistemas interdependentes, com a aprendizagem organizacional aplicada em todos os níveis, garantindo que práticas sustentáveis sejam incorporadas de maneira eficaz na cultura da empresa, gerando engajamento de todas as partes interessadas.

Seja pela magnitude que esses desafios representam, ou pela necessidade de reestruturações internas profundas e mudanças estratégicas significativas, os ODS número 1 — erradicação da pobreza — e número 2 — erradicação da fome — figuram entre os menos priorizados pelas organizações. Não foram objetivos considerados prioritários pelas empresas respondentes do relatório ESG Ibovespa[173]. Acima de 80% das empresas citam empregos dignos e crescimento econômico como ODS prioritário, entretanto menos de 40% citam os ODS 1 e ODS 2, como pode ser observado na Figura 6.1. É necessário priorizar a implementação de políticas para reduzir a lacuna entre necessidade e ação, pois não há meio de dissociar o crescimento econômico da diminuição da pobreza e da fome. Pessoas que vivem em situação de

---

[172] UNITED NATIONS GLOBAL COMPACT. *Social Sustainability*. Disponível em: https://unglobalcompact.org/what-is-gc/our-work/social. Acesso em: 29 jul. 2023.
[173] PWC BRASIL, 2022.

pobreza e insegurança alimentar enfrentam desafios significativos, que diminuem suas oportunidades de encontrar e manter empregos dignos e, assim, contribuir para o crescimento econômico. A erradicação da pobreza e da fome, além de ser um objetivo em si, impulsiona a produtividade da força de trabalho, a expansão de mercados consumidores e a redução de custos com saúde pública.

Figura 6.1 – Objetivos de Desenvolvimento Sustentável prioritários ESG/Ibovespa

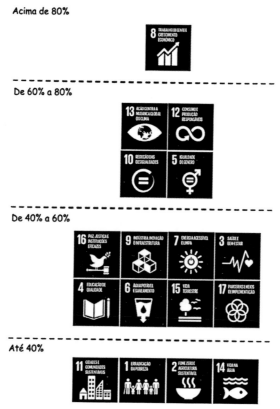

Fonte: adaptado de PWC Brasil[174]

É importante a compreensão de que pobreza, fome e inclusão social são temas transversais, que impactam diversos grupos vulne-

---

[174] PWC BRASIL, 2022.

ráveis implicitamente abrangidos por essas questões, atingidos por múltiplas camadas de falta de acesso aos elementos essenciais à sua sobrevivência. Estes incluem, mas não se limitam, a mulheres, pessoas idosas, refugiados, pessoas com deficiência e comunidades marginalizadas baseadas em raça, religião, orientação sexual ou identidade de gênero. O relatório ESG Ibovespa conclui que "é necessário um equilíbrio entre os ODS que mais se alinham aos objetivos empresariais com aqueles que melhor representam os anseios e necessidades da sociedade"[175]. É preciso conexão com a sociedade e geração de valor ao abordar as desigualdades estruturais, garantindo acesso equitativo aos recursos e oportunidades.

No Brasil, alguns exemplos bem sucedidos de operações conjuntas entre organizações e entidades do terceiro setor têm servido de exemplo para novos avanços. A Rede Gerando Falcões, um ecossistema de desenvolvimento social com foco em iniciativas transformadoras, promove diversos programas de educação, desenvolvimento econômico e cidadania em favelas, entre eles o Favela 3D — Digna, Digital e Desenvolvida, programa de transformação sistêmica, por meio de parcerias entre lideranças comunitárias, iniciativa privada e poder público[176]. A Rede Gerando Falcões tem parcerias de sucesso com empresas como Visa, Nestlé, Havaianas, Grupo Pão de Açúcar, Starbucks e Ambev[177]. A Central Única de Favelas reconhecida nacional e internacionalmente, atua há 20 anos nos âmbitos político, social, esportivo e cultural. Apresenta parcerias com empresas como Bradesco, Tim, Vivo, Latam, Magazine Luiza e Volvo, dentre outras[178]. Ainda que existam parcerias, é grande a falta de empregos formais, o que leva os moradores a empreender

---

[175] PWC BRASIL, 2022, p. 35.
[176] GERANDO FALCÕES. *ABC do Favela 3D*. Parte 1, 2023. p. 7. Disponível em: https://acrobat.adobe.com/link/review?uri=urn%3Aaaid%3Ascds%3AUS%3Add5de59a-a4f8-311f-9f45-ffd97275e16d. Acesso em: 29 jul. 2023.
[177] GERANDO FALCÕES. *Parcerias*. [S. l.], 2022. Disponível em: https://gerandofalcoes.com/parcerias/. Acesso em: 29 jul. 2023.
[178] CUFA. *Central Única das Favelas*. [S. l.], 2020. Disponível em: https://cufa.org.br. Acesso em: 29 jul. 2023.

na própria favela, em um mercado informal, invisível e vítima de preconceito, mas que apresenta grande potencial para a retomada do crescimento econômico no Brasil. Isso se conseguirmos minimizar o estigma existente[179].

No pilar diversidade, equidade e inclusão, empresas têm aumentado seu repertório de iniciativas, consolidando a importância do tema e investindo em diagnósticos, treinamentos massivos e aceleração, com comitês e programas, inclusive de contratações exclusivamente afirmativas para minorias, como a Magazine Luiza, que protagonizou uma polêmica com a criação de um programa de contratação exclusivo para pessoas negras. Apesar dos dilemas gerados, o Ministério Público do Trabalho reforçou que ações proporcionais e temporárias são constitucionais, pois visam corrigir distorções históricas[180].

A consolidação de indicadores e diretrizes impulsiona também outras necessidades sociais pertencentes aos pilares fundamentais da sustentabilidade de pessoas. Saúde mental e bem-estar nunca estiveram tão em pauta, talvez reflexo dos cerca de 19 milhões de brasileiros que lideram o ranking da ansiedade na América Latina[181]. Recente revisão mundial sobre saúde mental, divulgada pela Organização Mundial de Saúde (OMS), convida partes interessadas a trabalharem o tema, remodelando ambientes que influenciam a saúde mental e fortalecendo seus sistemas de cuidados. Reorganizar entornos, como locais de trabalho, é parte das recomendações apresentadas. Algumas intervenções citadas são a observância de riscos, como cargas excessivas de trabalho, condições físicas precárias, cultura organizacional

---

[179] PESQUISA mostra que favelas dobraram na última década. PIB das comunidades soma R$ 200 bilhões. *Rede Brasil Atual*, [s. l.], 18 mar. 2023. Disponível em: https://www.redebrasilatual.com.br/cidadania/favelas-dobraram-na-ultima-decada-pib-200-bilhoes/. Acesso em 29 jul. 2023.

[180] ROCHA, L. Diversidade e inclusão: conheça 20 empresas com ações que foram destaque em 2022. *Época Negócios*, [s. l.], 9 jan. 2023. Disponível em: https://epocanegocios.globo.com/colunas/diversifique-se/coluna/2023/01/diversidade-e-inclusao-conheca-20-empresas-com-acoes-que-foram-destaque-em-2022.ghtml. Acesso em: 29 jul. 2023.

[181] CARVALHO, R. Por que o Brasil tem a população mais ansiosa do mundo. *BBC News Brasil*, [s. l.], 27 fev. 2023. Disponível em: https://www.bbc.com/portuguese/articles/c4ne681q64lo. Acesso em: 29 jul. 2023.

que possibilite assédio e violência, qualquer tipo de discriminação e baixo suporte social[182]. Remover ou mitigar riscos pode ser possível integrando políticas de saúde mental às políticas organizacionais. Um exemplo é o Grupo Heineken, que anunciou a criação da Diretoria de Felicidade, que estrutura ações já em andamento no grupo e visa consolidar o processo de aprendizagem adquirido no cuidado aos colaboradores, considerando aspectos emocionais que ocorrem dentro e fora da empresa. A diretoria é formada por profissionais de recursos humanos e saúde, para que sejam abordados cuidados integrados de saúde física e mental[183].

Apesar de as iniciativas estarem longe de atingir a universalidade desejada, elas apresentam avanços que não podem ser ignorados, pois hoje são discutidas, abertamente, questões como a melhoria na qualidade de vida da sociedade por meio de trabalho decente, a criação de cadeias de valor mais inclusivas, os investimentos que promovem políticas públicas de suporte à sustentabilidade social e as parcerias que promovem união de forças para o impacto positivo. Certamente, é o início de uma trajetória de evolução para a sustentabilidade de pessoas; entretanto, os desafios ainda são consideráveis. Nosso olhar se estende cada vez mais para a inclusão social e a diversidade, uma mudança que sinaliza progresso. Mas, ao mesmo tempo, continuamos marginalizando partes de nossa população. Esse é, especialmente, o caso de pessoas trans, que sofrem violência e discriminação extrema. O Brasil é, pelo 14.º ano consecutivo, o país que mais assassina pessoas trans no mundo[184]. E essa estatística trágica também deve nos servir de guia para aprofundarmos nossos esforços em garantir que comunidades vulnerabilizadas tenham acesso à sustentabilidade e à

---

[182] WORLD HEALTH ORGANIZATION. *World mental health report*: transforming mental health for all. Geneva: World Health Organization; 2022. p. 183. Disponível em: https://www.who.int/teams/mental-health-and-substance-use/world-mental-health-report. Acesso em: 29 jul. 2023.

[183] ESG: Grupo Heineken anuncia Diretoria de Felicidade. *Exame*, [s. l.], 18 mai. 2023. Disponível em: https://exame.com/esg/grupo-heineken-anuncia-diretoria-de-felicidade/. Acesso em: 29 jul. 2023.

[184] CRISTALDO, H. Brasil é o país com mais mortes de pessoas trans no mundo. *Agência Brasil*, 26 jan. 2023. Disponível em: https://agenciabrasil.ebc.com.br/direitos-humanos/noticia/2023-01/brasil-e-o-pais-com-mais-mortes-de-pessoas-trans-no-mundo-diz-dossie. Acesso em: 29 jul. 2023.

inclusão. Precisamos entender que sim, temos avanços, mas que ainda são pequenos frente à perspectiva abissal de nossas necessidades.

Acompanhamos, internacionalmente, movimentos resistentes ao ESG[185], com alguns gestores optando pela não utilização da nomenclatura[186], mas insistindo em seus fundamentos, com a expectativa de demonstrar, pela prática, que a sustentabilidade não é apenas viável, ela é o único futuro possível. Especialistas no tema creditam a resistência a um início real de conversão sustentável, uma ruptura de barreiras, que acaba por gerar reações desesperadas na tentativa de conter esses avanços[187]. Embora grande parte das empresas não esteja pronta para colocar a sustentabilidade no centro de sua estratégia, muitas estão identificando e adotando elementos relevantes para seus negócios, considerados pontos de partida para iniciativas mais amplas. Com isso em mente, é importante compreender que a sustentabilidade é um processo contínuo, que exige adaptação e aprendizado constantes, assim como a capacidade de enfrentar mudanças e desafios, com resiliência e criatividade.

Resiliência e criatividade

A resiliência, um conceito originário da engenharia e da física, descreve a capacidade de um objeto, ou sistema, recuperar sua forma original ou funcionamento após ser submetido a pressões ou impactos significativos. Quando aplicado à gestão de pessoas, o termo evoluiu para descrever a capacidade de um indivíduo se adaptar, resistir e até prosperar em um ambiente de trabalho em constante transformação.

---

[185] CAPIRAZI, B. Movimento anti-ESG cresce nos EUA: entenda o que é e se pode chegar no Brasil. *Estadão*, [São Paulo], 7 jul. 2023. Disponível em: https://www.estadao.com.br/economia/governanca/anti-esg-cresce-eua-entenda-o-que-e-chegar-brasil/#:~:text=O%20que%20é%20o%20movimento,naturais%2C%20indústrias%20e%20os%20empregos. Acesso em: 29 jul. 2023.

[186] WORLAND, J. Larry Fink takes on ESG backlash. *Time*, [London], 29 jun. 2023. Disponível em: https://time.com/6291317/larry-fink-esg-climate-action/#:~:text=Larry%20Fink%20doesn%27t,wing%20culture%20warriors%20to%20celebrate. Acesso em 10 jul. 2023.

[187] ADACHI, V.; TEIXEIRA Jr, S. Paul Polman: movimento anti-ESG é sinal de desespero para conter avanço. *Reset*, [s. l.], 16 set. 2022. Disponível em: https://www.capitalreset.com/paul-polman-movimento-anti-esg-e-sinal-de-desespero-para-conter-avanco/. Acesso em: 7 jul. 2023.

Dispor dessas habilidades envolve o gerenciamento de sua identidade profissional e a capacidade de lidar com incertezas, tensões e mudanças abruptas. Ao contrário do que muitos acreditam, resiliência não é sinônimo de otimismo desmedido ou de mera persistência, mas a necessidade de enfrentar uma realidade adversa, extrair aprendizados de situações de crise e se adaptar a novas circunstâncias. Assim, compreender a resiliência como uma forma de adaptação criativa torna-se especialmente relevante no contexto organizacional, onde a capacidade de inovar e se adaptar às mudanças é fundamental para a sobrevivência e o sucesso das organizações[188].

O trabalho decente — ODS 8 — deve proporcionar, entre outras características, o estímulo à produção de ideias, a criatividade e a realização de um projeto de vida tanto pessoal quanto profissional. A relação entre o colaborador e seu trabalho é complexa, composta de diversos significados e valências, de modo que a resiliência desse indivíduo pode ser desafiada, de modo bastante negativo, pela existência de tensão entre as expectativas da organização e as próprias. Em circunstâncias nas quais fatores de risco, como insegurança, assédio ou discriminação, estão presentes, é inadequado esperar que o indivíduo demonstre resiliência. Nessas situações, as adversidades do trabalho podem afetar a vida pessoal do indivíduo, gerando esgotamento, doenças físicas e mentais. Portanto, é importante compreender como certas expectativas de resiliência em ambientes organizacionais podem ser prejudiciais, pois transferem ao indivíduo a responsabilidade de se adaptar a uma situação de trabalho desfavorável, quando a única resposta possível para tal situação é a degradação de sua saúde.

Ambientes de trabalho que privilegiam uma abordagem exclusivamente focada na produtividade podem resultar em sofrimento e desmotivação, especialmente quando esses ambientes estão em desacordo com os objetivos pessoais do indivíduo. Para promover a resiliência

---

[188] BARLACH, L.; LIMONGI-FRANCA, A. C.; MALVEZZI, S. O conceito de resiliência aplicado ao trabalho nas organizações. *Interam. j. psychol.*, Porto Alegre, v. 42, n. 1, p. 101-112, abr. 2008. Disponível em: http://pepsic.bvsalud.org/scielo.php?script=sci_arttext&pid=S0034-96902008000100011&lng=pt&nrm=iso. Acesso em: 29 jul. 2023.

esperada, é necessário um alinhamento de expectativas, de modo que o colaborador possa vislumbrar um futuro desejado a seu alcance. Quanto maior o sentimento de pertencimento e contribuição para a sociedade, maior será também seu engajamento. Assim, o conceito de resiliência no contexto organizacional diz respeito à existência ou ao desenvolvimento de recursos adaptativos que preservem a relação saudável entre o trabalhador e seu trabalho. É fundamental não confundir resiliência com uma percepção distorcida da realidade, que poderia acarretar implicações éticas significativas. A resiliência não deve ser usada para justificar condições de trabalho injustas ou para desviar a atenção de problemas estruturais na cultura organizacional. A resiliência deve ser compreendida como uma abordagem de crescimento profissional e organizacional que tenha em seus fundamentos a qualidade de vida[189].

Para que a resiliência organizacional possa ser um vetor de inclusão e diversidade, é preciso, também, considerar as diferentes dimensões da criatividade. O processo organizacional resiliente pode ser compreendido como um acelerador para a inovação, pois pressupõe a adaptação frente aos desafios encontrados. Esse dinamismo requer a habilidade de criar e experimentar diferentes soluções e, sobretudo, gerenciar a possibilidade de erro. É na intersecção entre resiliência e criatividade que podemos encontrar respostas para questões complexas, como as enfrentadas na sustentabilidade de pessoas. Transformar a realidade social na qual vivemos em oportunidades de crescimento é um processo que requer uma abordagem criativa e, em alguns casos, até mesmo disruptiva. Nesse contexto, é essencial compreender que errar não necessariamente é sinônimo de fracassar, o erro pode fazer parte das etapas de desenvolvimento e melhoria contínua dos processos de aprendizagem organizacional.

Estudos sobre o cérebro e a criatividade mostram que automatizamos comportamentos, certos de que isso resultará na diminuição

---

[189] RIBEIRO, A. C. de A.; MATTOS, B. M. de.; ANTONELLI, C. de S.; CANÊO, L. C.; GOULART JÚNIOR, E. Resiliência no trabalho contemporâneo: promoção e/ou desgaste da saúde mental. *Psicologia em Estudo*, Maringá, v. 16, p. 623–633, 2011. Disponível em: https://www.scielo.br/j/pe/a/prVsx9C8B4Z-564mKMCgnzng/. Acesso em: 29 jul. 2023.

dos erros. Mas, para solucionar problemas, nos deparamos com a necessidade de sermos criativos e, para multiplicar essas soluções, o erro deve ser aceito, e não evitado. "No comportamento automatizado, o erro é uma falha; no pensamento criativo, é uma necessidade"[190]. Nossos comportamentos, inclusive os automatizados, apresentam potencial para transformação. Devido à plasticidade cerebral, novos aprendizados estimulam uma reconfiguração de nossas conexões neurais, ampliando nosso repertório de conhecimento e potencializando nossa habilidade de criar soluções e ideias inovadoras. A aprendizagem de conceitos diversos e distintos se torna um catalisador para os processos de inovação. Ao adotarmos a diversidade e a inclusão, a multiculturalidade emerge como fonte de soluções, de modo que cada perspectiva única representa uma faceta do repertório cultural coletivo. O contato com essa pluralidade e a interação com o diferente expandem nosso conhecimento e abrem caminho para a mescla de ideias.

Além de fomentar a sustentabilidade, organizações plurais criam para si uma variedade de vantagens competitivas, pois a diversidade de pensamentos, experiências e perspectivas potencializam a capacidade de adaptação a um ambiente de negócios em constante mudança[191]. Desta forma, as organizações começam a perceber que o crescimento exponencial é alavancado pela diversidade de vivências e repertórios. Esse processo de desenvolvimento pressupõe uma abordagem de equilíbrio de duas diferentes perspectivas, a primeira delas é a perspectiva de expansão e crescimento, de dentro para fora, pelo uso da criatividade; a segunda é a perspectiva de controle, que busca o equilíbrio de fora para dentro, por meio da ordem e da estabilidade[192]. Ser uma organização criativa demanda a habilidade de lidar com a incerteza de resultados, bem como a capacidade de administrar as adversidades decorrentes

---

[190] EAGLEMAN, D.; BRANDT, A. *Como o cérebro cria*: o poder da criatividade humana para transformar o mundo. Rio de Janeiro: Intrínseca, 2020. Edição digital.

[191] NACHMANOVITVH, S. *Ser criativo*: o poder da improvisação na vida e na arte. São Paulo: Summus, 1993. p. 92

[192] NASCIMENTO, A. M. Organizações exponenciais. *SingularityU Brazil*, [s. l.], c2022. Disponível em: https://www.singularityubrazil.com/blog/organizacoes-exponenciais/. Acesso em: 29 jul. 2023.

dos erros. Por conta de nossa mentalidade binária, encarar erros de maneira positiva pode ser um desafio significativo, porém importante como parte dos processos de melhoria contínua.

Cultura do erro

Nesse contexto, a organização acolhe a cultura do erro, na qual os erros são vistos como uma oportunidade de aprendizado e desenvolvimento, ao invés de serem estigmatizados e evitados a todo custo. Nessa cultura, colaboradores são encorajados a assumir riscos calculados na experimentação de abordagens que trarão resultados positivos a longo prazo. Os riscos calculados do agora garantirão o sucesso competitivo do amanhã. A busca por equilíbrio entre risco e ganho é essencial e não pode ser desconsiderada. Semelhantemente ao que ocorre na escolha de investimentos, é importante balancear as alternativas disponíveis: incluir opções de alto ganho — que carregam consigo alto risco — e também investimentos de baixo risco que, embora tenham retorno reduzido, são consistentes. O desafio está em administrar adequadamente essas opções. Segurança e inovação não precisam ser antagônicas, precisam ser planejadas. Com planejamento e controle de riscos, ganhamos em inovação e criatividade, no aprendizado organizacional, no engajamento e na liberdade dos colaboradores em manifestar contribuições, sem, contudo, abdicar da responsabilidade e da prestação de resultados. Culturas por demais permissivas ao erro podem levar à falta de responsabilidade, afetando negativamente a qualidade do trabalho. Riscos não planejados ou excessivos podem ultrapassar o limite do razoável, causando consequências negativas ou até mesmo falhas graves e prejuízos significativos para a organização, o que inviabilizaria investimentos futuros e diminuiria a confiança na inovação. A falta de observância sobre o erro também prejudica as relações interpessoais, pois erros repetidos ou negligentes podem levar a falta de confiança e danos à cultura organizacional. Cultuar o erro é um romantismo, controlar seus riscos é gestão eficiente da inovação.

Quando falamos em diversidade e inclusão, a abordagem com relação ao erro precisa ser cuidadosa. É necessário considerar os impactos negativos do erro com atenção redobrada, pois estes podem perpetuar as desigualdades sociais. Erros relacionados às questões de inclusão podem levar a danos emocionais, dor social e exclusão de determinados grupos. Nesse sentido, é preciso adotar uma perspectiva menos idealizada sobre o erro, o mundo e nossas reais oportunidades de gerar inclusão significativa e planejada. As organizações devem implementar práticas que garantam a inclusão de todas as pessoas, evitando falhas que possam reforçar estereótipos, discriminação e exclusão. Criar um ambiente controlado e seguro para o incentivo da diversidade não significa desencorajar a inovação, mas, sim, estabelecer diretrizes claras e promover sensibilização sobre as consequências potenciais de determinados erros. O diálogo aberto e o aprendizado contínuo são elementos essenciais nessa construção.

Inteligência cultural

Desenvolver a inteligência cultural nas organizações é essencial para que a diversidade possa impulsionar a inovação sustentável, evitando, ao mesmo tempo, que a ausência de gestão adequada conduza a conflitos e a discriminação. O objetivo aqui não se restringe apenas à maximização da diversidade, mas à incorporação eficaz, apoiada por uma gestão eficiente que previna o surgimento de barreiras culturais. Treinamentos para aprimorar a inteligência cultural dos colaboradores podem refletir em melhorias expressivas nas habilidades de comunicação com colegas de distintas origens culturais, nas habilidades de adaptação e no gerenciamento de ambientes multiculturais. Para alcançar esse resultado, devem ser cultivadas competências cognitivas relacionadas ao multiculturalismo e ao conhecimento intercultural, por meio de projetos que facilitem experiências e compartilhamento de saberes. A interação age como um catalisador para o aprendizado, além de incentivar a adoção de abordagens criativas e inovadoras[193].

Para que seja possível a transição entre a teoria e a prática, é preciso criar pontes entre as intenções e as ações. Temos visto o quão complexo

---

[193] LI, J.; WU, N.; XIONG, S. Sustainable innovation in the context of organizational cultural diversity: the role of cultural intelligence and knowledge sharing. *PloS one*, [s. l.], v. 16, 2021. Disponível em: https://doi.org/10.1371/journal.pone.0250878. Acesso em 29 jul. 2023.

pode ser mudar comportamentos arraigados em culturas pré-estabelecidas. É preciso compreender as complexidades do desenvolvimento social sustentável para estabelecer modelos de gestão que propaguem processos de mudança organizacional, por meio da ruptura de paradigmas e flexibilidade de perspectivas. Para isso é preciso que as iniciativas como diagnósticos, treinamentos massivos e aceleração da sustentabilidade de pessoas possa se mesclar às melhores práticas de aprendizagem organizacional.

Educação corporativa

A implementação e a manutenção de uma cultura de treinamento e desenvolvimento bem-sucedida é um processo ininterrupto. Ao investir em capacitação, não devemos apenas buscar por correções, mas também melhorar habilidades e competências já existentes, bem como desenvolver novas oportunidades de aprendizagem. Todo conhecimento adquirido pode assumir diferentes aplicações práticas, gerando melhorias em diferentes esferas da vida profissional e social. Nas organizações, um conhecimento aplicado de maneira efetiva promove melhorias nos processos, produz resultados tangíveis, adiciona valor e gera riqueza. Fora delas, os benefícios vindos dos processos de treinamento e desenvolvimento podem ser capazes de transformar um contexto social mais amplo — habilidades e competências desenvolvidas no ambiente de trabalho, tais como a tomada de decisões conscientes, a empatia, o pensamento crítico, o reconhecimento de vieses e a capacidade de trabalhar de maneira colaborativa são transferíveis para muitos outros aspectos da vida. Essas competências podem contribuir para melhorar as relações interpessoais, a comunicação e o entendimento mútuo dentro das comunidades, além disso, indivíduos que desenvolvem essas competências são mais propensos a se envolverem de maneira construtiva em questões sociais, contribuindo para resolução de problemas em suas comunidades e para além delas. Esse é o poder da educação corporativa e o legado de crescimento que universidades corporativas podem deixar para a sociedade. A educação corporativa não é apenas uma ferramenta para o desenvolvimento de habilidades técnicas e práticas comerciais, mas um meio de grande significância e alcance no cultivo da consciência social e da resolução de problemas complexos, especialmente quando tal conhecimento alcança esferas da população que foram historicamente vulnerabilizadas. A educação corporativa tem o poder de contribuir para a mobilidade social e gerar agentes multiplicadores de conhecimento.

É importante que cada treinamento seja cuidadosamente projetado, implementado e avaliado, com foco no diagnóstico das necessidades atuais e futuras da organização. O sucesso dessas etapas permitirá que ele possa ser expandido para a implementação de outras habilidades, funcionando como uma formação complementar para seus colaboradores. Uma gama de treinamentos disponíveis, em um currículo estruturado, permitirá que os colaboradores tenham oportunidade de conhecer suas necessidades, explorar e desenvolver múltiplas habilidades. Isso engloba desde as habilidades técnicas desejadas até as interpessoais e sociais, que trazem melhorias intangíveis significativas. Cada colaborador pode encontrar uma trilha personalizada, que se alinha tanto com os objetivos da organização quanto com seus próprios objetivos de carreira e desenvolvimento pessoal. Esse processo pode aumentar a satisfação e o engajamento, pois potencializa o crescimento individual e fortalece o sentimento de pertencimento. Além disso, aumenta a atratividade da organização, a retenção de talentos e a sinergia de equipes.

Assim, as múltiplas camadas do processo de desenvolvimento se sobrepõem e se interconectam. Desde o nível individual — como as pessoas aprendem e se desenvolvem na organização, passando pelo desenvolvimento de equipes — com a aprendizagem coletiva, pelo desenvolvimento organizacional — como a própria organização aprende, evolui e se reinventa por meio de mudanças e inovações impulsionadas pelos talentos e equipes, chegando à sociedade — o aprendizado extrapola as barreiras organizacionais e o conhecimento é aplicado no desenvolvimento dos ambientes sociais (Fig. 6.2).

Figura 6.2 – Educação corporativa e desenvolvimento social

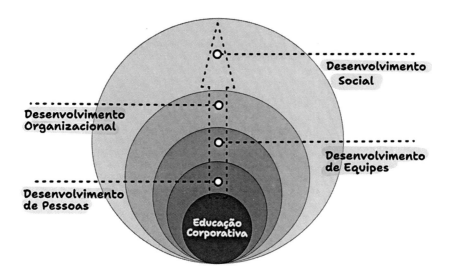

Fonte: a autora.

Formar, mais do que informar, é um compromisso firmado entre a organização e cada uma de suas esferas — individuais e coletivas — com o objetivo de atender às necessidades imediatas e antecipar demandas futuras. Isso assegura a sustentabilidade e o sucesso a longo prazo tanto para os indivíduos quanto para os negócios. Projetos planejados com uma perspectiva de cinco, 10 ou até 20 anos podem transformar contextos sociais e facilitar a inclusão social. Essa abordagem mostra que é possível enfrentar questões estruturais complexas e impulsionar o desenvolvimento social em escala.

7

FORMAR É MAIS QUE INFORMAR

Temos visto como nós, seres humanos, demonstramos um padrão de processamento cerebral duplo: um sistema rápido e intuitivo, outro lento e deliberativo. No sistema rápido ocorre a leitura emocional e a busca constante por discrepâncias nos padrões biopsicossociais, no sistema lento reconhecemos as pistas sociais e designamos quais são suas valências emocionais. Buscamos repetir experiências que nos tragam valências emocionais positivas e regular experiências em que essas valências emocionais sejam negativas, geralmente com o uso de estratégias cognitivas e comportamentais. Por sermos seres sociais, temos no sentimento de pertencimento uma de nossas necessidades fundamentais e a exclusão social fere essa necessidade: de modo análogo à dor física, a dor social provoca estados de sofrimento causados pela desvalorização e rejeição social. A valência negativa dada ao sentimento de exclusão social dispara alarmes de autorregulação, ao qual se seguem tentativas de ajuste, que visam aumentar os níveis de aceitação, ou mesmo diminuir os níveis de exclusão social. Esses resultados são atingidos pela aproximação com os padrões de grupo esperados.

São 50 milissegundos para ativar nossos sistemas de proteção, 100 milissegundos para reagir automaticamente, menos de 200 milissegundos para notar que o grupo escolheu uma resposta diferente da sua e 380 milissegundos para que se ative a mudança de opinião. Retrocedemos em nossas decisões em um curtíssimo intervalo de tempo[194]. Mas, a partir dos 500 milissegundos, somos capazes de perceber eventos enviesados em andamento, o que nos torna capazes de iniciar um modo de funcionamento empático[195]. Por que não o fazemos com maior frequência e para além de nosso grupo de interesse? Con-

---
[194] SAPOLSKY, 2021, p. 592.
[195] AMODIO; CIKARA, 2021.

siderando essa capacidade de adaptação dinâmica, em que ajustamos comportamentos e perspectivas para nos adequarmos aos grupos sociais aos quais pertencemos, seria possível canalizar esse processo de adequação em direção a comportamentos pré-selecionados, visando à correção de discrepâncias sociais?

Não basta termos a capacidade de adaptação, precisamos compreender a empatia como recurso cognitivo intenso e extenuante e, além disso, superar a tendência natural de favorecer aqueles que julgamos mais parecidos conosco e aqueles que fazem parte de nosso convívio, nos grupos sociais que frequentamos. Ultrapassar essas bolhas de interesse e adotar novas perspectivas exige esforços conscientes e contínuos. Para superar as barreiras que limitam a diversidade de origens e perspectivas nas organizações, é fundamental cultivar uma cultura de abertura, incentivando a educação corporativa, os treinamentos e a diversidade nos processos de recrutamento. É preciso criar ambientes que fomentem a inteligência cultural, incentivando o intercâmbio de informações e, principalmente, as vivências entre os diferentes grupos de afinidade. Frequentemente, essas limitações são originadas por vieses inconscientes, resistência à mudança e estruturas institucionais arraigadas que ofuscam a percepção individual das bolhas de interesse. Muitos indivíduos, inconscientes dessas limitações, acreditam estar agindo de maneira inclusiva quando, na realidade, ainda há um longo caminho a ser percorrido na jornada em direção à sustentabilidade de pessoas.

É a experiência compartilhada entre os variados grupos de afinidade que infunde o elemento emocional na dinâmica social[196]. Quando nos tornamos parte da história de outra pessoa, nossa percepção sobre ela se transforma — suas lutas deixam de ser abstratas, integrando-se à nossa realidade. Essa proximidade aumenta nossa disponibilidade mental ao outro, reforçando nossa disposição em vê-lo como parte de um grupo emergente, do qual ele e eu somos integrantes. Essa troca afetiva não apenas humaniza as interações, mas também serve como catalisador para uma verdadeira inclusão e sustentabilidade social. O

---

[196] GOLEMAN, 2019, p. 97.

reconhecimento acerca da complexidade do processo nos possibilita entender que tanto líderes quanto colaboradores são participantes ativos, engajados emocional e cognitivamente na jornada de desenvolvimento. Esse percurso, abrangente, contínuo e capaz de reformular a cultura organizacional, promove a redução de desigualdades e estimula a inclusão social. Líderes empáticos e inclusivos funcionam como facilitadores dos objetivos pró-sociais, enquanto seus colaboradores agregam os próprios pontos de partida e metas para contribuir nesse processo.

As abordagens tradicionais à mudança organizacional tendem ao fracasso porque se concentram quase inteiramente na conscientização, que seria um passo inicial, mas insuficiente para o sucesso[197]. Uma nova abordagem se faz necessária, que incorpore etapas adicionais para a definição de prioridades, aquisição de novos hábitos e implementação de sistemas que apoiem a consolidação dessas novas competências, gerando mudanças comportamentais duradouras. Um percurso estruturado de aprendizado oferece melhores chances de resultados assertivos do que a simples tomada de consciência, que se mostra insuficiente como promotora de comportamentos pró-sociais.

O Roteiro de Ação em Inclusão Social — abreviado por RAIS — aqui proposto, contempla uma série de iniciativas, que adotam etapas de diagnóstico, conscientização, capacitação e, principalmente, vivências como prática ativa, funcionando como catalisadores da transformação organizacional. Propõe-se o fortalecimento do senso de pertencimento e a construção de uma cultura de percepção social, com a integração de políticas de diversidade e inclusão que forneçam resultados não apenas tangíveis, mas também qualitativamente significativos para o processo de sustentabilidade social.

---

[197] ROCK, D. A neuroscience-based approach to changing organizational behaviour. *Healthc Manage Forum*, [s. l.], v. 31, p. 77-80, 2018. Disponível em: https://journals.sagepub.com/doi/10.1177/0840470417753968?url_ver=Z39.88-2003&rfr_id=ori:rid:crossref.org&rfr_dat=cr_pub%20%200pubmed. Acesso em: 29 jul. 2023.

8

RAIS – ROTEIRO DE AÇÃO EM INCLUSÃO SOCIAL

Etapa 1 – Diagnosticar o cenário atual

Diagnosticar e avaliar o nível de maturidade organizacional para a inclusão social são passos fundamentais para a criação de estratégias eficazes, bem como dos indicadores que, à frente, evidenciarão os resultados. Essas avaliações identificam lacunas e pontos fortes que a organização já possui e fornecem um panorama claro sobre quais estratégias de melhoria podem ser implementadas. O diagnóstico pode envolver a coleta de dados demográficos da força de trabalho, realização de pesquisa de clima organizacional, análise de políticas e práticas atuais da empresa e realização de entrevistas ou grupos focais com os colaboradores. Os resultados desses esforços auxiliam a empresa a entender a representatividade e a inclusão atuais em sua força de trabalho e a identificar as áreas por onde iniciar as melhorias.

Avaliar a maturidade da organização para a diversidade ajuda a identificar o estágio no qual a organização se encontra. Cada nível de maturidade tem características distintas. O estágio inicial indica apenas um entendimento básico da diversidade, sem políticas formais ou programas de diversidade em aplicação. Nos estágios intermediários, as organizações podem ter políticas estabelecidas, mas enfrentam desafios na implementação ou na criação de uma cultura de inteligência cultural. Organizações maduras apresentam cultura de diversidade e inclusão plenamente integrada, reconhecida como parte significativa do sucesso do negócio. A avaliação do nível de maturidade não é um julgamento de valor, mas um ponto de partida para o desenvolvimento e a implementação de estratégias eficazes de inclusão. Ao identificar seu nível de maturidade, a organização permite que sejam traçados planos de desenvolvimento adequados e realistas para a progressão de sua cultura de inclusão e sustentabilidade social.

Etapa 2 – Comunicar o propósito

O propósito organizacional é a visão coletiva da empresa, ele guia o caminho das diversas decisões do negócio e incorpora a responsabilidade de agregar valor social, incluindo os objetivos sustentáveis como inclusão, diversidade e impacto social positivo. Quando esse propósito é expresso com clareza, ele orienta a conduta de todas as partes envolvidas — funcionários, clientes, investidores e a comunidade em geral. Lideranças desempenham um papel essencial ao articular o compromisso da organização com a diversidade e inclusão, pois estabelecem um tom para a empresa e são exemplos a serem seguidos em todos os níveis organizacionais. Esse exemplo valida e reforça o propósito organizacional, encorajando uma cadeia de comportamentos alinhados com essa visão em todas as atividades diárias — desde a interação com colegas de trabalho até a criação de produtos e serviços que atendam uma ampla variedade de pessoas.

A comunicação clara de um propósito sustentável tem o poder de inserir a organização em um ecossistema mais amplo. Tornar esse propósito parte de seu orgulho e de sua razão de existir no mundo amplifica as possibilidades de atrair e reter talentos que compartilham desses valores, além de aprimorar a maneira como a empresa é percebida por clientes e pela sociedade em geral, cada vez mais atenta ao impacto social das organizações. A comunicação clara, transparente e consistente ajuda a construir um entendimento comum, enfatiza a importância da diversidade para o sucesso organizacional e expressa a expectativa de que todos os membros da equipe contribuam para um ambiente de trabalho inclusivo. Além disso, a comunicação aberta sobre o progresso, os desafios e as conquistas alcançadas podem auxiliar na manutenção da motivação, promover o engajamento e reforçar o compromisso com esses valores. A comunicação é a chave que transforma o planejamento estratégico em compreensão partilhada, convertendo intenções em uma linguagem que informa, forma, inspira e motiva todos os envolvidos.

Etapa 3 – Reconhecer os preconceitos

A percepção de nossos próprios vieses, ruídos e preconceitos de grupo são o início do processo de transformação individual, que levará ao sucesso da transformação coletiva e organizacional. Com frequência, somos influenciados por inclinações e pré-julgamentos que, inconscientemente, direcionam nosso comportamento, podendo resultar em atitudes discriminatórias e ambientes de trabalho pouco acolhedores. O reconhecimento de distorções cognitivas, mesmo sem total clareza de seus detalhes, constitui a primeira etapa do processo de "higiene da decisão", conforme proposto por Kahneman. Esse modelo encoraja a implementação de estratégias para mitigar os efeitos de fatores distorcivos na tomada de decisão, mesmo quando desconhecemos o que, exatamente, estamos evitando[198].

Uma vez que conseguimos reconhecer que existem vieses, podemos começar a identificá-los e a traçar as estratégias necessárias para combatê-los. Por meio de treinamentos, políticas e práticas inclusivas é possível instaurar uma cultura organizacional que se alinha com o propósito assumido de valorização da diversidade e promoção da sustentabilidade e da inclusão social. Contudo, é importante repetir que a conscientização não é suficiente para se obter uma mudança duradoura. Ela deve ser acompanhada de ações que visem combater o preconceito e promover a inclusão nos diferentes níveis da organização, com mecanismos garantidores da responsabilidade e do envolvimento de toda a organização.

Etapa 4 – Sensibilizar por vivências

A sensibilização está intimamente ligada à capacidade de uma pessoa experimentar empatia e compaixão, fundamentais para haver o comportamento pró-social e a manutenção de ambientes de trabalho

---
[198] KAHNEMAN, D.; SIBONY, O.; SUNSTEIN, C. R., 2021, p. 162.

inclusivos. A empatia atuaria como pré-requisito para a compreensão das diversas perspectivas que coexistem em um ambiente. A preocupação deve ir além de simplesmente identificar grupos distintos e suas necessidades de pertencimento, é preciso assegurar que esses indivíduos se sintam autenticamente incluídos e valorizados. Para atingir esse objetivo é necessário ampliar os círculos de convivência dos colaboradores, de modo a integrar o "diferente" ao cotidiano organizacional. O planejamento de contratações, com base em um diagnóstico bem fundamentado, deve objetivar um aumento progressivo da presença de grupos vulneráveis na força de trabalho, até que essa representatividade reflita adequadamente a sociedade na qual a organização está inserida. Esse movimento planejado de contratações proporcionará uma convivência enriquecedora que auxiliará na sensibilização efetiva de líderes e equipes, resultando em uma transformação positiva da cultura organizacional.

Enfrentar vieses arraigados e superar comportamentos de exclusão extragrupo são desafios constantes. No entanto, o elemento afetivo, que desencadeia nosso ciclo de comportamento de proteção ao próximo, pode ser fundamental nesse processo. Esse componente emocional ajuda a promover a sensibilização dos colaboradores, reforçando a percepção de que todos compartilham do mesmo espaço e fazem parte do intragrupo. Os ambientes que vivenciam a diversidade impulsionam o aprendizado organizacional, trazendo para o intragrupo a compreensão dos sentimentos de angústia social que alguns podem experimentar, o que facilita a tomada de decisão pró-social. É importante frisar que empatia e compaixão são melhor aprendidas na prática, por meio da vivência cotidiana. Quando reconhecemos o outro como parte do contexto "Nós", nossa disponibilidade mental para respostas empáticas e positivas se amplia. Assim, aumentar a contratação de pessoas culturalmente diversas, de maneira planejada e gradativa é, para além de correto, necessário. Muito além de cumprir cotas, a inclusão deve ser autêntica e sustentada a longo prazo, incorporada na cultura e parte das práticas diárias da organização.

Etapa 5 – Agregar julgamentos

Para agregarmos julgamentos diversos dentro das equipes e da cultura organizacional, é preciso que estejamos dispostos a formar grupos considerando as diferentes perspectivas, vulnerabilidades e experiências de vida. É preciso um trabalho consciente e coletivo para elevar a sensibilização de equipe e criar objetivos pró-sociais que contemplem e integrem essa diversidade. Kahneman propõe que "o objetivo do julgamento é a precisão, não a expressão individual"[199] e reitera que a precisão é atingida ao se considerar as opiniões de juízes competentes. Por juízes competentes, entendemos a necessidade de aliar decisores e partes envolvidas, permitindo que as vozes que representam grupos minoritários e vulnerabilizados sejam ouvidas. Cada colaborador é dotado de características únicas que não deveriam ser desperdiçadas em culturas de massificação. De fato, quanto mais a composição desse grupo refletir a pluralidade da sociedade, mais acelerado será o desenvolvimento dessa dinâmica na organização como um todo.

Por outro lado, vale ressaltar que, ao contrário do que muitos acreditam, os conflitos são necessários e até mesmo benéficos, podendo contribuir para a melhoria qualitativa das decisões. Julgamentos de diferentes indivíduos não precisam ser excludentes. Ao contrário, é possível agregar múltiplos julgamentos e convertê-los em estratégias pró-sociais, que geram estados positivos pelo aumento da identificação de grupo e refletem no bem-estar da organização como um todo. Em equipes diversificadas, conflitos são frequentemente resultados de diferentes perspectivas e experiências. As organizações devem, portanto, encorajar essas diferenças e utilizá-las como uma oportunidade de desenvolvimento, não como fonte de discórdia. Ao identificar e resolver conflitos, os membros da equipe aprendem a valorizar as diferenças e a trabalhar juntos para alcançar objetivos comuns. No longo prazo, essa abordagem favorece o bem-estar organizacional, a aprendizagem contínua e a pluralidade de ideias em uma cultura de respeito, tolerância e inclusão.

---

[199] KAHNEMAN; SIBONY; SUNSTEIN, 2021, p. 518.

Etapa 6 – Recategorizar conhecimentos

As funções executivas têm um papel fundamental para promover a inclusão e a sustentabilidade de pessoas nas estratégias de treinamento organizacional. Elas representam um conjunto de habilidades cognitivas que permitem o planejamento, a tomada de decisão e a regulação de comportamentos. Essas habilidades são especialmente importantes no contexto organizacional da inclusão, pois nos levam a questionar e refletir criticamente sobre nossos próprios vieses e a compreender os motivos implícitos nas decisões que tomamos. Apesar das origens biológicas que contribuem para os pensamentos e vieses inconscientes, todos temos a capacidade de refletir sobre nossos processos cognitivos e de planejar, monitorar e praticar o controle de nossas ações. Ao questionarmos nossas escolhas e compreendermos suas razões, podemos nos orientar para novos comportamentos, que estejam alinhados com os objetivos que desejamos alcançar.

A neuroplasticidade — capacidade de adaptação do cérebro ao longo da vida — permite que modifiquemos nossos comportamentos. A experiência de conviver com a diversidade favorece a desconstrução de estereótipos e preconceitos. Novas percepções podem ser construídas por meio da recategorização de nossos conceitos, pois, ao mudarmos a maneira como percebemos pessoas e coisas, alteramos também sua classificação em nossa compreensão do mundo. No contexto da diversidade e da inclusão social, isso implica enxergar além das características superficiais que definem um grupo e reconhecer a complexidade e a individualidade dentro dele. A organização, por sua vez, deve se empenhar em definir objetivos claros e coletivos, reconhecer preconceitos e sensibilizar suas pessoas pela vivência coletiva, para que seja possível diluir as diferenças entre os múltiplos subgrupos da organização. Ao aplicar esses conceitos, a organização possibilita minimizar as respostas automáticas prejudiciais que perpetuam a discriminação e o preconceito, construindo, assim, uma cultura organizacional adaptável e resiliente.

Etapa 7 – Superar o custo cognitivo

Diagnosticamos necessidades e comunicamos o propósito, reconhecemos vieses, aumentamos a disponibilidade mental das equipes para a sensibilização baseada em experiências e vivências com pessoas de diferentes grupos no cotidiano. Com isso, aprendemos e a ver o conflito como uma oportunidade de agregar julgamentos de diferentes vozes e a recategorizar nossas percepções, visando minimizar o ruído que nos separa de nosso objetivo: o comportamento pró-social. Resta vencer o custo cognitivo da decisão para que a ação empática seja uma escolha. O custo cognitivo da decisão é a última barreira ao comportamento pró-social.

Embora as funções executivas e a empatia cognitiva possam ser ativadas em milissegundos, a ativação dessas funções não se traduz necessariamente em ação, do mesmo modo que apenas tomar ciência de nossos vieses não garante sua eliminação automática de nossas vidas. É preciso ter a intenção. Nossas respostas comportamentais são frequentemente pautadas por emoções que, uma vez desencadeadas, podem ofuscar o pensamento racional e influenciar nossas reações, levando a decisões precipitadas. Essas respostas automáticas nem sempre nos agradam; contudo, somos capazes de iniciar uma regulação intencional, ampliando a clareza de nossos julgamentos e nossa habilidade para tomar decisões mais conscientes. Essa intencionalidade pode ser utilizada como um gatilho para moderar as reações emocionais e redirecionar nossas respostas comportamentais, alinhando-as aos objetivos que traçamos para nosso desenvolvimento.

Quando sob pressão ou estresse, podemos apresentar uma menor capacidade cognitiva. Este é um dos principais desafios quando se tenta promover um comportamento pró-social fundamentado na empatia. É por essa razão que, nas etapas anteriores do roteiro, a estratégia apresentada envolve aumentar a disponibilidade mental, sensibilizar e recategorizar — para reduzir o custo cognitivo percebido no momento da tomada de decisão. A ativação da empatia cognitiva envolve a capacidade de adotar perspectivas, por meio de um processamento autorreflexivo. Isso possibilita suprimir as escolhas automáticas de afastamento e, em seu lugar, evidenciar as escolhas comportamentais pró-sociais desejadas, tornando o custo da decisão tolerável. É por meio da aprendizagem progressiva das etapas que a decisão empática será facilitada. O treinamento e o desenvolvimento contínuo são fundamentais para superar o custo associado a essa tomada de decisão, alavancando a prevalência do comportamento pró-social.

Etapa 8 – Agir: o limiar de ação

Limiar de ação é o ponto no qual um indivíduo está suficientemente motivado para agir de maneira empática, mesmo quando essa ação requer um esforço cognitivo adicional. O limiar de ação não é fixo e pode ser afetado por diversos fatores, incluindo a cultura organizacional, as normas sociais, o tipo e a qualidade dos treinamentos recebidos, além do interesse pessoal. Uma vez que esse limiar é superado, acontece a ação pró-social. Isto é, encontramos o equilíbrio necessário para agirmos de modo empático, sem ativar mecanismos de afastamento e esquiva. Ao alcançarmos esse objetivo de maneira repetida, reforçamos os caminhos neurais necessários para traduzir a empatia em comportamento. Essa tradução implica efetivamente considerar necessidades e sentimentos dos outros em nossas decisões e ações, minimizando os desgastes emocionais implícitos na jornada.

Este é um processo que pode ser potencializado pela reciprocidade, que desempenha o papel de recompensa. Quando observamos que nossas ações pró-sociais são correspondidas com ações similares por parte dos outros, experienciamos uma sensação de gratificação que incentiva a repetição desse comportamento. Entretanto, é importante destacar que, mesmo na ausência de reciprocidade, existem outros reforçadores comportamentais que podem influenciar a repetição de comportamentos empáticos. Esses reforçadores são percebidos individualmente, segundo a hierarquia de necessidades de cada pessoa. Em última análise, o simples ato de contribuir para uma causa maior pode, por si só, ser a recompensa desejada, desencadeando uma sensação de realização e propósito. No entanto, a jornada para alcançar esse ponto é complexa. Ela demanda uma mudança significativa na maneira como planejamos e implementamos o recrutamento e a seleção, bem como os programas de desenvolvimento organizacional. É preciso reorientar esforços para incentivar a inclusão, a empatia cognitiva e o comportamento pró-social, ao invés de manter o foco apenas nas competências técnicas ou cumprimento de metas individuais.

Etapa 9 – Repetir e aperfeiçoar

A tradução da empatia em ação e a tomada de decisões pró-sociais constituem processos que exigem uma elevada atividade cognitiva. Essa demanda elevada torna esses processos suscetíveis a falhas e erros de julgamento, pois, sob condições de estresse, o cérebro pode falhar em manter um desempenho consistente e preciso. É fundamental que haja repetição e aperfeiçoamento contínuos para tornar esses comportamentos cada vez mais automáticos, o que diminui o custo cognitivo e aumenta a probabilidade de atitudes empáticas, impulsionando uma transformação organizacional consistente no longo prazo. Como em qualquer processo de aprendizado, a prática e o refinamento são requisitos essenciais. As falhas encontradas no decorrer do processo não devem ser consideradas obstáculos intransponíveis, mas componentes integrantes do ciclo de melhoria contínua que promove o bem-estar coletivo e a saúde organizacional.

No entanto, é importante ressaltar que, embora a automação desses comportamentos contribua para a redução do custo cognitivo, ela pode, paradoxalmente, dar origem a novos vieses automáticos e levar à estagnação, pois todo automatismo pode limitar nossa capacidade de adaptar e inovar nossas respostas. Para atenuar esse risco, a ênfase deve estar em aperfeiçoar e ajustar o processo de julgamento, e não em automatizar as respostas em si. A reflexão sobre o que não funcionou, o ajuste contínuo e o planejamento são práticas essenciais nesse contexto. A automação não deve residir no padrão de nossas respostas, como costumamos aplicar em muitos de nossos julgamentos. Em vez disso, o aperfeiçoamento deve ocorrer no padrão de perguntas que fazemos para compreender o espectro possível de respostas. Ao reformularmos nossas perguntas, expandimos efetivamente nosso entendimento, ampliamos nosso repertório e viabilizamos ações mais empáticas e pró-sociais.

Figura 8.1 – Roteiro de Ação em Inclusão Social

RAIS — Roteiro de Ação em Inclusão Social

1. Diagnosticar o cenário atual
2. Comunicar o propósito
3. Reconhecer os preconceitos
4. Sensibilizar por vivências
5. Agregar julgamentos
6. Recategorizar conhecimentos
7. Superar o custo cognitivo
8. Agir: limiar de ação
9. Repetir e aperfeiçoar

Fonte: a autora

UM HORIZONTE SUSTENTADO

Este livro se encerra com a convicção de que minhas reflexões representam apenas o prólogo — o início de um caminho de conhecimento, que espero percorrer junto àqueles que compreendem que a sustentabilidade social é o cerne de nosso desenvolvimento como humanidade. Equipados com a bússola da inclusão, o leme da responsabilidade social e a âncora do compromisso ético, seguimos a jornada. Que cada curso traçado adiante seja em direção a uma sociedade mais digna e desenvolvida.

Durante os anos dedicados à pesquisa, observação e imersão nos conceitos fundamentais da sustentabilidade social, fiz parte de uma jornada transformadora: parte autoconhecimento, por compreender as diferentes interpretações trazidas pelas minhas próprias vivências, parte entendimento, por reconhecer a infinidade de vivências com tanto significado e validade quanto a minha própria. O maior desafio de todos é evitar que nossas percepções nos tornem insensíveis às realidades que não são as nossas, mas que são igualmente significativas na teia social em que vivemos.

Em 1971, o professor de filosofia política John Rawls propôs um experimento mental conhecido como o véu da ignorância. Nele, somos convidados a desapegar-nos de nossos preconceitos e visões limitadas, considerando a sociedade a partir de uma posição inicial de igualdade, sem conhecimento de nosso próprio lugar nela. Atrás desse véu não conhecemos nossa raça, orientação sexual, presença ou ausência de deficiências, riqueza ou posição social. Sob essas condições, determinaríamos os princípios de justiça que governariam nossa sociedade. Rawls argumenta que, inevitavelmente, optaríamos por uma estrutura que beneficiasse os mais vulneráveis ou os indivíduos em situação de desvantagem, pois, sob o véu da ignorância, qualquer um de nós poderia se encontrar nessa condição[200].

---
[200] RAWLS, John. *A theory of justice*. Cambridge: Harvard University Press, 1999.

Muitas vezes, nos esquecemos de quão privilegiados somos por ter acesso ao conhecimento — uma condição difícil de ser quantificada por aqueles que sempre tiveram essa oportunidade à disposição. Para os que enfrentam obstáculos e barreiras em sua busca pelo conhecimento, a perspectiva é diferente, a ignorância não é uma escolha, é uma certeza e uma desvantagem imposta. Sem saber por onde começar, como pode o indivíduo atravessar a névoa da desigualdade que ofusca seu desenvolvimento? O "véu da ignorância" revela-nos que a falta de acesso ao conhecimento não é uma falha individual, mas uma consequência de um sistema que não oferece o mínimo: oportunidade.

Promover oportunidades de trabalho e, por meio delas, possibilitar a aquisição de novos conhecimentos, habilidades e competências é fundamental para uma visão de desenvolvimento integrado. Perspectiva que emerge como resposta às demandas sociais do século XXI e seu emaranhado social. Sustentabilidade social é emancipação e autorrealização, pois permite que as pessoas contribuam de maneira significativa para as sociedades em que vivem, com oportunidades para que cada indivíduo possa desempenhar seu papel em nosso futuro coletivo. Reconhecer o valor da sustentabilidade de pessoas dentro do escopo das políticas ESG inaugura uma perspectiva essencial para o desenvolvimento organizacional. Tal perspectiva coloca as pessoas no centro das estratégias, redefine a tradicional noção de valor e reconhece que os colaboradores são mais do que apenas recursos.

Somos dotados de um poder incrível, o poder de criar e adaptar todas as complexidades que orientam nossa convivência. Nossas habilidades criativas se manifestam na arte, na educação, na tecnologia, foram e são responsáveis por criar sociedades, governos, leis. Nós criamos a realidade na qual vivemos e isso nos confronta com uma incongruência: se somos capazes de tanto, por que ainda lutamos para aceitar e compreender plenamente a diversidade humana? Uma premissa básica, sem a qual não há desenvolvimento sustentável. E, sem desenvolvimento sustentável, não há futuro.

A verdadeira inclusão de todas as pessoas vai muito além de uma simples questão de tolerar o diferente. Na verdade, são os vulnerabilizados que têm desempenhado o verdadeiro ato de tolerância, pois a cada dia desafiam convenções e enfrentam preconceitos, em uma vida marcada por obstáculos inimagináveis, em uma sociedade que frequentemente os vê como um problema ou uma afronta. Toleram, todos os dias, a segregação sob o manto do conformismo. Não há resiliência quando o oponente é a desumanização.

Concluir que a sustentabilidade social é um compromisso moral, e não uma benevolência, é entender que o amanhã se constrói hoje. É momento de assumir o leme. Feche o livro, olhe a bússola. Para onde a sua aponta?

REFERÊNCIAS

ACCO, F. F.; DA ROSA, C. T. W. Metacognição e funções executivas: em busca de diálogos. *Revista Insignare Scientia* - RIS, Chapecó, v. 4, p. 336-352, 2021. Disponível em: https://periodicos.uffs.edu.br/index.php/RIS/article/view/11877/8213. Acesso em: 29 jul. 2023.

ADACHI, V.; TEIXEIRA Jr, S. Paul Polman: movimento anti-ESG é sinal de desespero para conter avanço. *Reset*, [s. l.], 16 set. 2022. Disponível em: https://www.capitalreset.com/paul-polman-movimento-anti-esg-e-sinal-de-desespero-para-conter-avanco/. Acesso em: 7 jul. 2023.

AJMAL, M. M.; KHAN, M.; HUSSAIN, M.; HELO, P. Conceptualizing and incorporating social sustainability in the business world. *International Journal of Sustainable Development & World Ecology*, [s. l.], v. 25, p. 327-339, 29 nov. 2017. Disponível em: https://doi.org/10.1080/13504509.2017.1408714. Acesso em: 29 jul. 2023.

AMBEV. *Sustentabilidade*. [S. l.], c2022. Disponível em: https://www.ambev.com.br/sustentabilidade. Acesso em: 29 jul. 2023.

AMODIO, D. M.; CIKARA, M. The Social Neuroscience of Prejudice. *Annual Review of Psychology*, [s. l.], v. 72, p. 439–469, 2021. Disponível em: https://www.annualreviews.org/doi/10.1146/annurev-psych-010419-050928. Acesso em: 29 jul. 2023.

ANDERSON, K.; SOMMER, C.; FASSINO, G.; GRÜNEWALD, J. *Sustainability*: people sustainability in organisations – a European study. Mercer, 2022. Disponível em: https://www.mercer.com/assets/de/de_de/shared-assets/local/attachments/pdf-esg_european_study_2022_en_final.pdf. Acesso em: 29 jul. 2023.

BARLACH, L.; LIMONGI-FRANCA, A. C.; MALVEZZI, S. O conceito de resiliência aplicado ao trabalho nas organizações. *Interam. j. psychol.*, Porto Alegre, v. 42, n. 1, p. 101-112, abr. 2008. Disponível em: http://pepsic.bvsalud.org/scielo.php?script=sci_arttext&pid=S0034-96902008000100011&lng=pt&nrm=iso. Acesso em: 29 jul. 2023.

BATSON, C. D.; EKLUND, J. H.; CHERMOK, V. L.; HOYT, J. L.; ORTIZ, B. G. An additional antecedent of empathic concern: valuing the welfare of the person in need. *Journal of Personality and Social Psychology*, [s. l.], v. 93, p. 65-74, 2007. Disponível em: https://pubmed.ncbi.nlm.nih.gov/17605589/. Acesso em: 29 jul. 2023.

BERNOULLI, D.; Allen, C. G. The most probable choice between several discrepant observations and the formation therefrom of the most likely induction. *Biometrika*, [s. l.], v. 48, p. 3-18, jun. 1961. Disponível em: https://doi.org/10.1093/biomet/48.1-2.3. Acesso em: 29 jul. 2023.

BORGER, F. G. *Responsabilidade social empresarial e sustentabilidade para a gestão empresarial*. São Paulo: Instituto Ethos, 2013. Disponível em: https://www.ethos.org.br/cedoc/responsabilidade-social-empresarial-e-sustentabilidade-para-a-gestao-empresarial/. Acesso em: 29 jul. 2023.

BOYER, R. H. W.; PETERSON, N. D.; ARORA, P.; CADWELL, K. Five approaches to social sustainability and an integrated way forward. *Sustainability*, [s. l.], v. 8, n. 878, 2016. Disponível em: https://doi.org/10.3390/su8090878. Acesso em: 29 jul. 2023.

BRITTO, D.; FONSECA, A.; PINOTTI, P.; SAMPAIO, B.; WARNAR, L. *Intergenerational mobility in the land of inequality*. Baffi Carefin Centre Research Paper No. 2022-186, 2022. Disponível em: https://ssrn.com/abstract=4237631. Acesso em: 28 jul. 2023.

BURR, D. Vision: in the blink of na eye. *Current Biology*, [s. l.], v. 15, p. 554-556, jul. 2005. Disponível em: https://www.sciencedirect.com/science/article/pii/S0960982205007165. Acesso em: 29 jul. 2023.

CACIOPPO, J. T.; CACIOPPO, S. Social relationships and health: the toxic effects of perceived social isolation. *Social and personality psychology compass*, [s. l.], v. 8, p. 58-72, 2014. Disponível em: https://doi.org/10.1111/spc3.12087. Acesso em 29 jul. 2023.

CAPIRAZI, B. Movimento anti-ESG cresce nos EUA: entenda o que é e se pode chegar no Brasil. *Estadão*, [São Paulo], 7 jul. 2023. Disponível em: https://www.estadao.com.br/economia/governanca/anti-esg-cresce-eua-entenda-o-que-e-chegar-brasil/#:~:text=O%20que%20é%20o%20movimento,naturais%2C%20indústrias%20e%20os%20empregos. Acesso em: 29 jul. 2023.

CARVALHO, R. Por que o Brasil tem a população mais ansiosa do mundo. *BBC News Brasil*, [s. l.], 27 fev. 2023. Disponível em: https://www.bbc.com/portuguese/articles/c4ne681q64lo. Acesso em: 29 jul. 2023.

CHARLTON, J. I. *Nothing about us without us*: disability oppression and empowerment. Berkeley: University of California Press, 1998. Versão digital.

CLASSES D e E continuarão a ser mais da metade da população até 2024, projeta consultoria. *Infomoney*, Desigualdade Social, 26 abr. 2022a. Disponível em: https://www.infomoney.com.br/minhas-financas/classes-d-e-e-continuarao-a-ser-mais-da-metade-da-populacao-ate-2024-projeta-consultoria/. Acesso em: 28 jul. 2023.

CLASSES D e E já representam mais de metade da população brasileira, aponta estudo. *Exame*, [s. l.], 15 out. 2022b. Disponível em: https://exame.com/brasil/classes-d-e-e-ja-representam-mais-de-metade-da-populacao-brasileira-aponta-estudo/. Acesso em: 28 jul. 2023.

CREDIT SUISSE. *Global Wealth Report 2022*: leading perspectives to navigate the future. [S. l.], 2022. Disponível em: https://www.credit-suisse.com/about-us/en/reports-research/global-wealth-report.html. Acesso em: 28 jul. 2023.

CRISTALDO, H. Brasil é o país com mais mortes de pessoas trans no mundo. *Agência Brasil*, [s. l.], 26 jan. 2023. Disponível em: https://agenciabrasil.ebc.com.br/direitos-humanos/noticia/2023-01/brasil-e-o-pais-com-mais-mortes-de-pessoas-trans-no-mundo-diz-dossie. Acesso em: 29 jul. 2023.

CRISTOFANI, C.; SESSO, G.; CRISTOFANI, P.; FANTOZZI, P.; INGUAGGIATO, E.; MURATORI, P.; NARZISI, A.; PFANNER, C.; PISANO, S.; POLIDORI, L.; RUGLIONI, L.; VALENTE, E.; MASI, G.; MILONE, A. The role of executive functions in the development of empathy and its association with externalizing behaviors in children with neurodevelopmental disorders and other psychiatric comorbidities. *Brain Sci.*, [s. l.], v. 10, 28 jul. 2020. Disponível em: https://www.ncbi.nlm.nih.gov/pmc/articles/PMC7465618/. Acesso em: 29 jul. 2023.

CUFA. *Central Única das Favelas*. [S. l.], 2020. Disponível em: https://cufa.org.br. Acesso em: 29 jul. 2023.

DAWKINS, R. *O gene egoísta*. São Paulo: Companhia das Letras, 2007.

DEMETRIOU, C.; ÖZER, B.; ESSAU, C. Self-Report Questionnaires. *The Encyclopedia of Clinical Psychology*. [s. l.], jan. 2015. Disponível em: https://doi.org/10.1002/9781118625392.wbecp507. Acesso em: 29 jul. 2023.

EAGLEMAN, D.; BRANDT, A. *Como o cérebro cria*: o poder da criatividade humana para transformar o mundo. Rio de Janeiro: Intrínseca, 2020. Edição digital.

ECKSCHMIDT, T. Por que ESG, sozinho, nem sempre funciona? *MIT Sloan Management Review Brasil*, [s. l.], abr. 2023. Disponível em: https://www.mitsloanreview.com.br/post/por-que-esg-sozinho-nem-sempre-funciona. Acesso em: 28 jul. 2023.

EISENBERGER, N. I. Social pain and the brain: controversies, questions, and where to go from here. *Annual Review of Psychology*, [s. l.], v. 66, p. 601–629, 2015. Disponível em: https://www.annualreviews.org/doi/10.1146/annurev-psych-010213-115146?url_ver=Z39.88-2003&rfr_id=ori%3Arid%3Acrossref.org&rfr_dat=cr_pub++0pubmed. Acesso em: 29 jul. 2023.

EISENBERGER, N. I.; LIEBERMAN, M. D. Why rejection hurts: a common neural alarm system for physical and social pain. *Trends in cognitive sciences*, [s. l.], v. 8, n. 7, p. 294-300, jul. 2004. Disponível em: http://www.overcominghateportal.org/uploads/5/4/1/5/5415260/why_rejection_hurts_tics.pdf. Acesso em: 29 jul. 2023.

EISENBERGER, N. I.; LIEBERMAN, M. D.; WILLIANS, K. D. Does rejection hurts? An fMRI study of social exclusion. *Science*, [s. l.], v. 302, p. 290-292, out. 2003. Disponível em: https://www.science.org/doi/abs/10.1126/science.1089134. Acesso em: 29 jul. 2023.

ESG e greenwashing: como mitigar o risco entre fornecedores e terceiros. *Exame*, [s. l.], 23 abr. 2022. Disponível em: https://exame.com/esg/esg-e-greenwashing-como-mitigar-o-risco-entre-fornecedores-e-terceiros/. Acesso em: 28 jul. 2023.

ESG: Grupo Heineken anuncia Diretoria de Felicidade. *Exame*, [s. l.], 18 mai. 2023. Disponível em: https://exame.com/esg/grupo-heineken-anuncia-diretoria-de-felicidade/. Acesso em: 29 jul. 2023.

ESLINGER, P. J. *et al.* The neuroscience of social feelings: mechanisms of adaptive social functioning. *Neuroscience & Biobehavioral Reviews*, [*s. l.*], v. 128, p. 592-620, set. 2021. Disponível em: https://www.sciencedirect.com/science/article/pii/S0149763421002384. Acesso em: 29 jul. 2023.

GERANDO FALCÕES. *ABC do Favela 3D*. Parte 1, 2023. p. 7. Disponível em: https://acrobat.adobe.com/link/review?uri=urn%3Aaaid%3Ascds%3AUS%3Add5de59a-a4f8-311f-9f45-ffd97275e16d. Acesso em 29 jul. 2023.

GERANDO FALCÕES. *Parcerias*. [*S. l.*], 2022. Disponível em: https://gerandofalcoes.com/parcerias/. Acesso em: 29 jul. 2023.

GOLEMAN, D. *Inteligência social*: a ciência revolucionária das relações humanas. São Paulo: Objetiva, 2019.

GREEN, A. *Investments in people sustainability drive positive business outcomes*. [*S. l.*], 12 out. 2022. Disponível em: https://news.sap.com/2022/10/people-sustainability-investment-sap-research/. Acesso em: 29 jul. 2023.

GROEP, I. H. van de; BOS, M. G. N.; JANSEN, L. M. C.; KOCEVSKA, D.; BEXKENS, A.; COHN, M.; van DOMBURGH, L.; POPMA, A.; CRONE, E. A. Resisting aggression in social contexts: The influence of life-course persistent antisocial behavior on behavioral and neural responses to social feedback. *NeuroImage. Clinical*, [*s. l.*], v. 34, p. 102973, fev. 2022. Disponível em: https://doi.org/10.1016/j.nicl.2022.102973. Acesso em: 29 jul. 2023.

HÁ tempos. Intérprete: Legião Urbana. Compositores: Renato Russo, Dado Villa-Lobos e Marcelo Bonfá. *In*: AS QUATRO estações. Intérprete: Legião Urbana. [*S. l.*]: EMI, 1989. 1 CD, faixa 1.

HARRIS, L. T.; FISKE, S. T. Dehumanizing the lowest of the low: neuroimaging responses to extreme out-groups. *Psychological Science*, [*s. l.*], v. 17, p. 847-853, out. 2006. Disponível em: https://doi.org/10.1111/j.1467-9280.2006.01793.x. Acesso em: 29 jul. 2023.

HARTGERINK, C. H.; VAN BEEST, I.; WICHERTS, J. M.; WILLIAMS, K. D. The ordinal effects of ostracism: a meta-analysis of 120 Cyberball studies. *PloS one*, [*s. l.*], v. 10, e0127002, 2015. Disponível em: https://doi.org/10.1371/journal.pone.0127002. Acesso em: 29 jul. 2023.

HO, M. K.; SAXE, R.; CUSHMAN, F. Planning with Theory of Mind. *Trends Cogn Sci.*, [s. l.], v. 26, p. 959-971, 2022. Disponível em: https://pubmed.ncbi.nlm.nih.gov/36089494/. Acesso em: 29 jul. 2023.

IBGE. *Pesquisa Nacional por Amostra de Domicílios Contínua*: PNAD Contínua. [S. l.], 2020. Disponível em: https://biblioteca.ibge.gov.br/index.php/biblioteca-catalogo?view=detalhes&id=2101950. Acesso em: 28 jun. 2023.

ILUSÃO de ótica: tem 3 ou 4? *Gartic*, [s. l.], 24 ago. 2013. Disponível em: https://gartic.com.br/imgs/mural/il/ilusoesdeotica/ilusao-de-otica-3-tem-3-ou-4.png. Acesso em: 29 jul. 2023.

IPEA. *Cadernos ODS*: ODS 10 Reduzir a desigualdade dentro dos países e entre eles. [S. l.], 2019. Disponível em: https://www.ipea.gov.br/portal/images/stories/PDFs/livros/livros/190524_cadernos_ODS_objetivo_10.pdf. Acesso em: 28 jul. 2023.

ISE B3. *O que é o ISE B3*. [S. l.], c2019. Disponível em: https://iseb3.com.br/o-que-e-o-ise. Acesso em: 28 jul. 2023.

ITAÚ. *Estratégia ESG*. [S. l.], c2021. Disponível em: https://www.itau.com.br/sustentabilidade/estrategia-esg/. Acesso em: 29 jul. 2023.

KAHNEMAN, D. *Rápido e devagar*: duas formas de pensar. São Paulo: Objetiva, 2012. Versão digital.

KAHNEMAN, D.; SIBONY, O.; SUNSTEIN, C. R. *Ruído*: uma falha no julgamento humano. São Paulo: Objetiva, 2021. Versão digital.

KANG, P.; LEE, J.; SUL, S.; KIM, H. Dorsomedial prefrontal cortex activity predicts the accuracy in estimating others' preferences. *Frontiers in human neuroscience*, [s. l.], v.7, 2013. Disponível em: https://www.researchgate.net/publication/259268922_Dorsomedial_prefrontal_cortex_activity_predicts_the_accuracy_in_estimating_others%27_preferences. Acesso em: 29 jul. 2023.

KAWAKOTO, T.; URA, M.; NITTONO, H. Intrapersonal and interpersonal processes of social exclusion. *Frontiers in Neuroscience*, [s. l.], v. 9, mar. 2015. Disponível em: https://www.frontiersin.org/articles/10.3389/fnins.2015.00062/full. Acesso em: 29 jul. 2023.

KLIMECKI, O. M.; LEIBERG, S.; RICARD, M.; SINGER, T. Differential pattern of functional brain plasticity after compassion and empathy training. *Social Cognitive and Affective Neuroscience*, [s. l.], v. 9, p. 873–879, jun. 2014. Disponível em: https://www.ncbi.nlm.nih.gov/pmc/articles/PMC4040103/. Acesso em: 29 jul. 2023.

KNYAZEV, G. G.; MERKULOVA, E. A.; SAVOSTYANOV, A. N.; BOCHAROV, A. V.; SAPRIGYN, A. E. Effect of Cultural Priming on Social Behavior and EEG Correlates of Self-Processing. *Frontiers in behavioral neuroscience*, [s. l.], v. 12, out. 2018. Disponível em: https://doi.org/10.3389/fnbeh.2018.00236. Acesso em: 29 jul. 2023.

KOLTKO-RIVERA, M. E. Rediscovering the Later Version of Maslow's Hierarchy of Needs: Self-Transcendence and Opportunities for Theory, Research, and Unification. *Review of General Psychology*, [s. l.], v. 10, p. 302–317, dez. 2006. Disponível em: https://doi.org/10.1037/1089-2680.10.4.302. Acesso em: 29 jul. 2023.

LI, J.; WU, N.; XIONG, S. Sustainable innovation in the context of organizational cultural diversity: the role of cultural intelligence and knowledge sharing. *PloS one*, [s. l.], v. 16, 2021. Disponível em: https://doi.org/10.1371/journal.pone.0250878. Acesso em 29 jul. 2023.

LIEBERMAN, M. D. *Social*: why our brains are wired to connect. New York: Crown, 2013. Versão digital.

LIMA, M. S; RIBEIRO, F. B. Capitalismo consciente: uma configuração mais justa ou a arte de se reinventar para continuar a existir? *Revista da Associação Portuguesa de Sociologia*, Lisboa, n. 22, abr. 2020. Disponível em: https://revista.aps.pt/pt/capitalismo-consciente-uma-configuracao-mais-justa-ou-a-arte-de-se-reinventar-para-continuar-a-existir/. Acesso em: 29 jul. 2023.

MACHADO, A. B. M.; HAERTEL, L. M. *Neuroanatomia funcional*. 3. ed. São Paulo: Atheneu, 2014.

MASLOW, A. H. A theory of human motivation. *Psychological Review*, [s. l.], v. 50, p. 370-396, 1943. Disponível em: https://doi.org/10.1037/h0054346. Acesso em 29 jul. 2023.

MASLOW, A. H. *Motivation and personality*: unlocking your inner drive and understanding human behavior. [S. l.]: Prabhat Prakashan, 2019. Versão digital.

MATSUE, C. Estudo mostra quais são as empresas campeãs em ESG do Brasil na opinião dos consumidores. *Valor Investe*, Empresas, [s. l.], 15 jun. 2022. Disponível em: https://valorinveste.globo.com/mercados/renda-variavel/empresas/noticia/2022/06/15/estudo-mostra-quais-sao-as-empresas-campeas-em-esg-do-brasil-na-opiniao-de-consumidores.ghtml. Acesso em: 28 jul. 2023.

MCKINSEY & COMPANY. *Diversity Matters*: América Latina. [S. l.], jul. 2020. Disponível em: https://www.mckinsey.com/br/our-insights/diversity-matters-america-latina. Acesso em: 29. jul. 2023.

MEYER, M. L.; MASTEN, C. L.; MA, Y.; WANG, C.; SHI, Z.; EISENBERGER, N. I.; HAN, S. Empathy for the social suffering of friends and strangers recruits distinct patterns of brain activation. *Soc. Cognit. Affect Neurosci.*, [s. l.], v. 8, p. 446–454, 2013. Disponível em: https://academic.oup.com/scan/article/8/4/446/1627027. Acesso em: 29 jul. 2023.

MOLENBERGHS, P. The neuroscience of in-group bias. *Neuroscience & Biobehavioral Reviews*, [s. l.], v. 37, p. 1530–1536, 2013. Disponível em: https://www.sciencedirect.com/science/article/abs/pii/S0149763413001498?via%3Dihub. Acesso em: 29 jul. 2023.

MORELLI, S. A.; RAMESON, L. T.; LIEBERMAN, M. D. The neural components of empathy: predicting daily prosocial behavior. *Soc Cogn Affect Neurosci.*, [s. l.], v. 9, p. 39-47, jan. 2014. Disponível em: https://www.ncbi.nlm.nih.gov/pmc/articles/PMC3871722/. Acesso em: 29 jul. 2023.

NACHMANOVITVH, S. *Ser criativo*: o poder da improvisação na vida e na arte. São Paulo: Summus, 1993.

NAÇÕES UNIDAS BRASIL. *Transformando nosso mundo*: a agenda 2030 para o desenvolvimento sustentável. [S. l.], 15 set. 2015. Disponível em: https://brasil.un.org/pt-br/91863-agenda-2030-para-o-desenvolvimento-sustentavel. Acesso em: 28 jul. 2023.

NASCIMENTO, A. M. Organizações exponenciais. *SingularityU Brazil*, [s. l.], c2022. Disponível em: https://www.singularityubrazil.com/blog/organizacoes-exponenciais/. Acesso em: 29 jul. 2023.

NATURA. *Nós escolhemos nos importar com todas as pessoas da nossa rede*. [S. l.], 2023. Disponível em: https://www.natura.com.br/sustentabilidade/cada-

-pessoa-importa?iprom_creative=lp_saibamais_cada-pessoa-importa&iprom_id=omundomaisbonito_bannerfull&iprom_name=destaque3_cada-pessoa_02062022&iprom_pos=3. Acesso em 29 jul. 2023.

NATURA. *Pense impacto positivo*: visão de sustentabilidade 2050. [S. l.], 2019. Disponível em: https://static.rede.natura.net/html/home/2019/janeiro/home/visao-sustentabilidade-natura-2050-progresso-2014.pdf?iprom_id=-visao2050_botao&iprom_name=destaque2_botao_leiamais_23052022&iprom_creative=pdf_leiamais_visao2050&iprom_pos=1. Acesso em: 28 jul. 2023.

NERI, M. Mapa da Riqueza no Brasil. *FGV Social*, [s. l.], 2023. Disponível em: https://www.cps.fgv.br/cps/bd/docs/MapaDaRiquezaIRPF_Curta_FGV_Social_Neri.pdf Acesso em: 28 jul. 2023.

NERI, M. Insegurança alimentar no Brasil: pandemia, tendências e comparações internacionais. *FGV Social*, [s. l.], 2022. Disponível em: https://www.cps.fgv.br/cps/bd/docs/Texto-Inseguranca-Alimentar-no-Brasil_Marcelo-Neri_FGV-Social.pdf. Acesso em: 28 jul. 2023.

OETTINGEN, G. Future thought and behaviour change. *European Review of Social Psychology*, [s. l.], v. 23. p. 1-63, 13 mar. 2012. Disponível em: https://doi.org/10.1080/10463283.2011.643698. Acesso em: 29 jul. 2023.

PERINI, I.; KROLL, S.; MAYO, L. M.; HEILIG, M. Social Acts and Anticipation of Social Feedback. *Current topics in behavioral neurosciences*, [s. l.], v. 54, p. 393–416, 2022. Disponível em: https://doi.org/10.1007/7854_2021_274. Acesso em: 29 jul. 2023.

PERUZZO, C. M. K. Cidadania nas organizações empresariais: provocando reflexões sobre respeito à diversidade. *Intercom*: Revista Brasileira de Ciências da Comunicação, São Paulo, v. 44, n. 2, p. 275-290, set. 2021. Disponível em: https://www.scielo.br/j/interc/a/pK9tRFNPPc6ZbhLn4zWdQYs/?lang=pt#. Acesso em: 28 jul. 2023.

PESQUISA mostra que favelas dobraram na última década. PIB das comunidades soma R$ 200 bilhões. *Rede Brasil Atual*, [s. l.], 18 mar. 2023. Disponível em: https://www.redebrasilatual.com.br/cidadania/favelas-dobraram-na-ultima-decada-pib-200-bilhoes/. Acesso em 29 jul. 2023.

PIRES, R. R. C. *Implementando desigualdades*: reprodução de desigualdades na implementação de políticas públicas. Rio de Janeiro: Ipea, 2019. p. 60. Disponível em: https://repositorio.ipea.gov.br/bitstream/11058/9323/1/Implementando%20desigualdades_reprodução%20de%20desigualdades%20na%20implementação%20de%20pol%C3%ADticas%20públicas.pdf. Acesso em: 28 jul. 2023.

PNUD. *Objetivos de desenvolvimento sustentável*: manual de identidade visual. [S. l.], 2015. Disponível em: http://www4.planalto.gov.br/ods/publicacoes/manual-de-identidade-visual-ods-pnud.pdf?TSPD_101_R0=086567d-05fab20008301039910ea535d40b0f179c78f761ea9ad426c585c1f4a-4c1ac1ae841c4e4208d7864b6c14300048b2500c12f4d983ee508a08e77d-f71a2da26283313935f492588e30ef471f2c10f3e9b3b7607f502e9708e2a-9dbb0ff. Acesso em: 29 jul. 2023.

POLMAN, P.; WINSTON, A. *Impacto positivo (Net Positive)*: como empresas corajosas prosperam dando mais do que tiram. Tradução de Alves Calado. 1. ed. Rio de Janeiro: Sextante, 2022.

PROFESSOR Pasquale entrevista o cantor Belchior – Nossa Língua Portuguesa (1996). [S. l.: s. n.], 2016. 1 vídeo (27 min). Publicado pelo canal Álvaro Machado. Disponível em: https://www.youtube.com/watch?v=joB1oBzNSQI. Acesso em: 28 jul. 2023.

PWC BRASIL. *ESG no Ibovespa*. [S. l.], 2022. Disponível em: https://www.pwc.com.br/pt/estudos/servicos/auditoria/2022/ESG_IBOVESPA.pdf. Acesso em: 28 jul. 2023.

RAWLS, John. *A theory of justice*. Cambridge: Harvard University Press, 1999.

REDE BRASIL DO PACTO GLOBAL. *Ambição 2030*: movimentos. [S. l.], c2023a. Disponível em: https://www.pactoglobal.org.br/movimentos. Acesso em 29 jul. 2023.

REDE BRASIL DO PACTO GLOBAL. *ESG*. Entenda o significado da sigla ESG (Ambiental, Social e Governança) e saiba como inserir esses princípios no dia a dia de sua empresa. [S. l.], c2023b. Disponível em: https://www.pactoglobal.org.br/pg/esg?gclid=CjwKCAjwsNiIBhBdEiwAJK4khvK4d-ZK7cEVN5XC-_N3-rvkGRzop2sV9vwqSA7yA0UQ2oJZXW_UebxoC47k-QAvD_BwE. Acesso em: 28 jul. 2023.

REDE BRASIL DO PACTO GLOBAL. *Os dez princípios.* [S. l.], c2023c. Disponível em: https://www.pactoglobal.org.br/10-principios. Acesso em 29 jul. 2023.

REDE BRASIL DO PACTO GLOBAL; FALCONI; STILINGUE. *Como está a sua agenda ESG?* [S. l.], 2023. Disponível em: https://storage.pardot.com/979353/1678468562cJcnh9tT/E_BOOK___ESG2023.pdf. Acesso em: 28 jul. 2023.

REDE BRASIL DO PACTO GLOBAL; STILINGUE. *A Evolução do ESG no Brasil.* [S. l.], 2021. Disponível em: https://conteudos.stilingue.com.br/estudo-a-evolucao-do-esg-no-brasil. Acesso em: 28 jul. 2023.

REDECKER, A. C.; TRINDADE, L. M. Práticas de ESG em sociedades anônimas de capital aberto: um diálogo entre a função social instituída pela Lei 6.404/1976 e a geração de valor. *Revista Jurídica Luso-Brasileira*, Lisboa, ano 7, n. 2, p. 50-125, 2021. Disponível em: https://www.cidp.pt/revistas/rjlb/2021/2/2021_02_0059_0125.pdf. Acesso em: 29 jul. 2023.

RIBEIRO, A. C. de A.; MATTOS, B. M. de.; ANTONELLI, C. de S.; CANÊO, L. C.; GOULART JÚNIOR, E. Resiliência no trabalho contemporâneo: promoção e/ou desgaste da saúde mental. *Psicologia em Estudo*, Maringá, v. 16, p. 623–633, 2011. Disponível em: https://www.scielo.br/j/pe/a/prVsx9C8B4Z564mKMCgnzng/. Acesso em: 29 jul. 2023.

RIBEIRO, D. *Lugar de fala.* São Paulo: Sueli Carneiro; Pólen, 2019.

RILLING, J. K.; SANFEY, A. G. The neuroscience of social decision-making. *Annual review of psychology*, [s. l.], v. 62, p. 23–48, 2011. Disponível em: https://doi.org/10.1146/annurev.psych.121208.131647. Acesso em: 29 jul. 2023.

ROCHA, L. Diversidade e inclusão: conheça 20 empresas com ações que foram destaque em 2022. *Época Negócios*, [s. l.], 9 jan. 2023. Disponível em: https://epocanegocios.globo.com/colunas/diversifique-se/coluna/2023/01/diversidade-e-inclusao-conheca-20-empresas-com-acoes-que-foram-destaque-em-2022.ghtml. Acesso em: 29 jul. 2023.

ROCK, D. A neuroscience-based approach to changing organizational behaviour. *Healthc Manage Forum*, [s. l.], v. 31, p. 77-80, 2018. Disponível em: https://journals.sagepub.com/doi/10.1177/0840470417753968?url_ver=Z39.

88-2003&rfr_id=ori:rid:crossref.org&rfr_dat=cr_pub%20%200pubmed. Acesso em: 29 jul. 2023.

SAPOLSKY, R. M. *Comporte-se*: a biologia humana em nosso melhor e pior. São Paulo: Companhia das Letras, 2021. Versão digital.

SCHILBACH, L.; TIMMERMANS, B.; REDDY, V.; COSTALL, A.; BENTE, G.; SCHLICHT, T.; VOGELEY, K. Toward a second-person neuroscience. *Behavioral and Brain Sciences*, [s. l.], v. 36, p. 393-414, 25 jul. 2013. Disponível em: https://doi.org/10.1017/S0140525X12000660. Acesso em: 29 jul. 2023.

SCHUR, R.; PEREIRA, D. Última chamada para adequação às normas ESG emitidas pelo Banco Central. *Ernst & Young Global Limited*, [s. l.], 22 jul. 2022. Disponível em: https://www.ey.com/pt_br/sustainability/normas-esg-banco-central. Acesso em: 28 jul. 2023.

SHAROT, T. The optimism bias. *Current Biology*, [s. l.], v. 21, p. 941-945, 6 dez. 2011. Disponível em: https://www.sciencedirect.com/science/article/pii/S0960982211011912. Acesso em: 29 jul. 2023.

SIEGRIST, J. Effort-reward imbalance at work and health. *In:* PERREWÉ, P. L.; GANSTER, D. C. (ed.). *Historical and current perspectives on stress and health*, [s. l.], v. 2, p 261-291, 2002. Disponível em: https://doi.org/10.1016/S1479-3555(02)02007-3. Acesso em: 29 jul. 2023.

STEVENS, F.; TABER, K. The neuroscience of empathy and compassion in pro-social behavior. *Neuropsychologia*, [s. l.], v. 159, 20 ago. 2021. Disponível em: https://www.sciencedirect.com/science/article/pii/S0028393221001767. Acesso em: 29 jul. 2023.

SZCZEPANIK, J. E.; BRYCS, H.; KLEKA, P.; FANSLAU, A.; ZARETE, Jr. C. A.; NUGENT, A. C. Metacognition and emotion: how accurate perception of own biases relates to positive feelings and hedonic capacity. *Consciousness and Cognition*, [s. l.], v. 82, 2020. Disponível em: https://www.sciencedirect.com/science/article/abs/pii/S1053810019303538. Acesso em: 29 jul. 2023.

THE GLOBAL COMPACT. *Who cares wins*: connecting financial markets to a changing world. [S. l.], 2004. Disponível em: https://documents1.worldbank.org/curated/en/280911488968799581/pdf/113237-WP-WhoCaresWins-2004.pdf. Acesso em: Acesso em: 28 jul. 2023.

UDDIN, L. Salience processing and insular cortical function and dysfunction. *Nat Rev Neurosci*, [s. l.], v. 16, p. 55-61, 2015. Disponível em: https://doi.org/10.1038/nrn3857. Acesso em: 29 jul. 2023.

UNILEVER. *Planeta e sociedade*. [S. l.], c2023. Disponível em: https://www.unilever.com.br/planet-and-society/. Acesso em: 29 jul. 2023.

UNITED NATIONS GLOBAL COMPACT. *Social Sustainability*. Disponível em: https://unglobalcompact.org/what-is-gc/our-work/social. Acesso em: 29 jul. 2023.

VACCARO, A. G.; FLEMING, S. M. Thinking about thinking: A coordinate-based meta-analysis of neuroimaging studies of metacognitive judgements. *Brain Neurosci. Adv.*, [s. l.], 2018. Disponível em: https://www.ncbi.nlm.nih.gov/pmc/articles/PMC6238228/. Acesso em: 29 jul. 2023.

WALK THE TALK. *O mundo que queremos amanhã começa com como fazemos negócios hoje*. [S. l.], c2023. Disponível em: https://wearewalkthetalk.com.br. Acesso em: 28 jul. 2023.

WEISZ, E.; ZAKI, J. Motivated empathy: a social neuroscience perspective. *Current Opinion in Psychology*, [s. l.], v. 24, p. 67–71, 2018. Disponível em: https://www.sciencedirect.com/science/article/pii/S2352250X18300150?via%3Dihub. Acesso em: 29 jul. 2023.

WORLAND, J. Larry Fink takes on ESG backlash. *Time*, [London], 29 jun. 2023. Disponível em: https://time.com/6291317/larry-fink-esg-climate-action/#:~:text=Larry%20Fink%20doesn%27t,wing%20culture%20warriors%20to%20celebrate. Acesso em 10 jul. 2023.

WORLD ECONOMIC FORUM. *How your business can benefit from people sustainability*. Davos, 4 jan. 2023. Disponível em: https://www.weforum.org/agenda/2023/01/how-your-business-benefit-people-sustainability-davos2023/. Acesso em: 29 jul. 2023.

WORLD HEALTH ORGANIZATION. *World mental health report*: transforming mental health for all. Geneva: World Health Organization; 2022. p. 183. Disponível em: https://www.who.int/teams/mental-health-and-substance-use/world-mental-health-report. Acesso em: 29 jul. 2023.

YAN, Z.; HONG, S.; LIU, F.; SU, Y. A meta-analysis of the relationship between empathy and executive function. *PsyCh J.*, [s. l.], v. 9, p. 34-43, 2019. Disponível em: https://onlinelibrary.wiley.com/doi/10.1002/pchj.311. Acesso em: 29 jul. 2023.

YANAGISAWA, K.; MASUI, K.; FURUTANI, K.; NOMURA, M.; YOSHIDA, H.; URA, M. Family socioeconomic status modulates the coping-related neural response of offspring. *Social Cognitive and Affective Neuroscience*, [s. l.], v. 8, p. 617-622, ago. 2013. Disponível em: https://doi.org/10.1093/scan/nss039. Acesso em: 29 jul. 2023.

YESHURUN, Y.; NGUYEN, M.; HASSON, U. The default mode network: where the idiosyncratic self meets the shared social world. *Nature reviews. Neuroscience*, [s. l.], v. 22, p. 181–192, mar. 2021. Disponível em: https://doi.org/10.1038/s41583-020-00420-w. Acesso em: 29 jul. 2023.

ZATORRE, R.; FIELDS, R.; JOHANSEN-BERG, H. Plasticity in gray and white: neuroimaging changes in brain structure during learning. *Nat. Neurosci.*, [s. l.], v. 15, p. 528–536, 2012. Disponível em: https://doi.org/10.1038/nn.3045. Acesso em: 29 jul. 2023.